汶水悠悠润桑梓

中共安丘市纪委 编

中国文联出版社
http://www.clapnet.cn

图书在版编目（CIP）数据

汶水悠悠润桑梓 / 中共安丘市纪委主编. -- 北京：

中国文联出版社，2017.10

ISBN 978-7-5190-3213-5

Ⅰ.①汶… Ⅱ.①中… Ⅲ.①家庭道德—中国—通俗读物 Ⅳ.①B823.1-49

中国版本图书馆 CIP 数据核字(2017)第 259146 号

汶水悠悠润桑梓

作　者：中共安丘市纪委

出版人：朱　庆

终审人：朱彦玲　　　　　　　　复审人：王　军

责任编辑：刘　旭　　　　　　　责任校对：傅泉泽

封面设计：辛如杰　　　　　　　责任印制：陈　晨

出版发行：中国文联出版社

地　　址：北京市朝阳区农展馆南里 10 号，100125

电　　话：010-85923043（咨询）85923000（编务）85923020（邮购）

传　　真：010-85923000（总编室），010-85923020（发行部）

网　　址：http://www.clapnet.cn　　　http://www.claplus.cn

E－mail: clap@clapnet.cn　　　　liux@clapnet.cn

印　　刷：潍坊新天地印务有限公司

装　　订：潍坊新天地印务有限公司

法律顾问：北京天驰君泰律师事务所徐波律师

本书如有破损、缺页、装订错误，请与本社联系调换

开　　本：700×1000　　　　　　　　1/16

字　　数：163 千字　　　　　　　印　张：14.5

版　　次：2017 年 10 月第 1 版　　　印　次：2021 年 1 月第 2 次印刷

书　　号：ISBN 978-7-5190-3213-5

定　　价：32.00 元

序　言

　　家风是一个家庭或者家族中所有成员为人处世之道的集中体现,蕴含着先辈的人生智慧,反映当地道德习俗和民族历史文化。良好的家风犹如不熄的火种,延续着中华民族世代相传的精神谱系。

　　家庭是社会的细胞。家风正则民风淳,民风淳则社稷安。就普通家庭而言,家风好坏关系到家庭的兴衰荣辱。而对领导干部家庭来说,其家风不仅关系到家运族脉,还可能对党风、政风和社会风气产生一定的影响。习近平总书记曾指出,"要重视家庭建设,注重家庭、注重家教、注重家风,紧密结合培育和弘扬社会主义核心价值观,发扬光大中华民族传统家庭美德"。《中国共产党廉洁自律准则》,首次将"廉洁齐家,自觉带头树立良好家风"列为党员领导干部廉洁自律规范的重要内容。传承优良家风不仅是党员干部加强自身修养的必然选择,更应成为各级党组织加强廉政教育的有效举措。

　　安丘自汉景帝中元二年(公元前148年)置县,历史积淀厚重,家风教化绵长。为挖掘传承我市传统优秀家风,市纪委组织开展了"家风正、政风清"家风家规家训故事征集活动，共收到社会各界整理的家风家训故事作品共210多篇。经层层审核，从中选取了68篇优秀作品结集出版。所收录家风故事的作者来自安丘市不同行业、不同阶层，有机关干部，有普通群众，有中年才俊，有青年学生，具有广泛的代表性。所收录故事，有的宣扬忠诚，有的倡树孝敬，有的强调读书学习，有的歌颂责任担当，有的引导勤劳节俭，有的呼唤诚信友善，主题鲜明，内容丰富，体现了安丘市家风文化的多样性。旨在借事阐理、以文化人，引导全市党员干部以身作则、率先垂范，带头搞好家风建设，以优良的家风带党风促政风正民风。

汶水悠悠流千古，家风绵绵润桑梓。希望各位读者在阅读中感悟，在感悟后践行，倡树传承好家风，引领社会新风尚，为在全市营造风清气正的政治生态尽自己的一份力量。

目　录

家风综合篇

孝亲敬老篇

与人为善篇

俭朴勤勉篇

重教乐学篇

诚实守信篇

家风综合篇

家传老怀表

马翀

我出生在一个军人家庭,祖父马学智生前是中国人民解放军第八十九医院教导员。1974年10月,年仅37岁的他因公殉职,长眠于安丘市革命烈士陵园。爷爷一生清正,"老怀表"是他唯一的遗物。这块表,是爷爷立功后的奖励,印刻着那段血与火的革命史;同时,也见证了我们家的廉洁家风——静、净、敬、镜。

在我心目中,爷爷、奶奶都是有担当的人。无论遇上什么风风雨雨,他们都能不慌不乱,沉着应对。就像老怀表上的两枚指针,每天迈着不变的步伐滴答滴答地转动着,无论怎样的物是人非,总是始终如一、分毫不差。

爷爷走时,留下的是一贫如洗的家和四个嗷嗷待哺的孩子。38岁的奶奶,不得不扮演起"女汉子"的角色,用柔弱的双肩挑起整个家庭重担。奶奶说,老怀表在,就像爷爷在。为了不让孩子们饿肚子,她每天披星戴月、没白没黑地工作。人累瘦了,手累肿了,腰累弯了,奶奶就掏出老怀表,看看那不知疲倦的指针,缓缓劲儿再接着干。就这样奶奶十几年如一日默默奉献着自己。那时候,身边的人常劝她:"你还年轻,再找个人嫁了吧!"奶奶默不作声。因为她知道,如果改嫁,孩子们就有可能受委屈。而她答应过爷爷:"一家人要平平安安的,始终在一起。"就这样,奶奶选择了坚强、自立,选择靠自己的双手供孩子们上学,靠打零工、做零活、赚零钱贴补家用,直到我的父辈们成人、成才、成家。

从奶奶这个坚强自立的故事里,我领悟到第一个"静"字,平静的"静":不受外界滋扰,于平静之中秉持初心。

奶奶说,老怀表跟了爷爷近20年。爷爷在世时,每天清晨必做的一件事就是小心翼翼地擦拭保养老怀表,所以斑驳的岁月并没有让它变得污浊不堪,而是始终干干净净。

爷爷任教导员期间,来家里找他办事的人不少。但爷爷行事清廉如水,从不收别人一米一豆。有一次,一位患者家属来找爷爷救治亲人,说完事情原委后,放下一个编织袋转身就走了。爷爷见状对奶奶说:"你快去,赶紧把东西还给他!"奶奶颠着小脚飞快跑出去,那人一看也跑了起来。奶奶跟在后面实在跑不动了,就停下来喊道:"小伙子,东西给你放这儿了,被别人拿走了我可不管啊!"说完,一扭头就往回走。那人见拗不过奶奶,只好把东西拿了回去。

对于爷爷这样的"不通人情",奶奶打心底里赞同和钦佩。因为爷爷在世时常常这样说:"救死扶伤是医生的天职。身为医生就应该恪守医德,做人做事干干净净!"

从爷爷奶奶的身上,我悟到了第二个"净"字,干净的"净":廉洁修身,净如清泉。

老怀表有一颗质量极佳的内芯儿,即使经历了几十年的岁月,仍坚守在方寸之地,不知疲倦地画着一个又一个圆圈。爷爷也一样:他简朴的外表下有一颗金子般的心,即使弥留之际也不忘履行自己共产党员的义务。

奶奶告诉我,爷爷曾长时间受病痛折磨,但他从未忘记过为党尽心尽力。临终前,他还特意嘱托奶奶,一定要把自己最后一月的党费转交给党组织。峥嵘岁月里,党费也没有多少钱;但在爷爷心底,党费少不等于党费小！即使条件再差，爷爷每月都自觉、按时、足额甚至超额缴纳党费，始终把交党费当做一件大事。

小时候躺在奶奶怀里听故事的我，心里有些纳闷：这个老头儿咋这么傻呀，好不容易攒点儿钱干嘛交出去啊！多年以后，我长大了，也成为了一名光荣的共产党员，才深刻领悟到：那几元党费，决不仅仅是几元钱那么简单。那是爷爷对党坚定不移的信仰！是爷爷对党的一片忠诚啊！

爷爷临终前不忘交党费的故事，让我悟到了第三个"敬"字，崇敬的"敬"：不忘初心，敬党爱民。

今年清明，去给爷爷扫墓。立在墓前，奶奶郑重地把老怀表递到我手里。我接过那枚老怀表，小心翼翼地拨开翻盖，触摸着那历经沧桑却依然清透明亮的表盘。看着表盘中映出的自己，我突然领悟到第四个"镜"字，明镜的"镜"。这枚老怀表不正是映照爷爷党性的一面镜子吗？他时刻提醒我，作为司法战线上的一名党员，就要时刻以爷爷那样的优秀党员为标杆，谨记家训、传承家风，一身正气、廉洁自律，坚守初心，继续前行！

这，是我应该做到的。相信，我也一定能做到！

（作者单位：安丘市人民法院）

花落的声音

刘金凤

　　我的母亲是一位平凡的农家妇女，就像山间那朵不起眼的小花，在贫瘠的土地上生根，发芽，成长，怒放，枯萎，衰落，用孱弱的身躯书写着生命的顽强。母亲离开我已经五年了，可是我对她的怀念却与日俱增。她贤惠、善良、勤劳的品质，一直深深地影响着我。

　　我老家在安丘的西南部，三面环山，土地贫瘠，母亲在那里土生土长。嫁入我家时，上有80多岁的老爷爷，年近六旬的爷爷和卧病在床的奶奶，几年后，我们姐弟四个又相继出生。一家9口人的重担全落在父母肩上。尤其是母亲，白天和父亲一起下地劳作，晚上回家还要照顾一家老小。生活的艰难可想而知。

　　母亲是贤惠的。心里只有老人和孩子，她从不顾及自己。在我儿时的记忆里，有一天深夜，呼呼的风声将我从睡梦中惊醒，母亲还在灯下做着针线活儿。那是一件黑色的棉袄，只见她用力睁着眼睛，分明已十分困倦。我跟母亲说："快睡吧，明天再缝吧。"母亲头也不抬地说："这天说变就变了，你爷爷年纪大了，禁不住冻，赶紧缝起来明天给他穿上。"看到母亲手下那厚厚的棉絮和一行行细密的针脚，我真切地感受到什么是"孝"。

　　在那个食不果腹的年代，母亲起早贪黑变着法儿给老人和孩子改善生活。任何食物经过母亲的巧手都能变得分外香甜，清苦的日子也因此多了些温馨。记得初中时跑校，多少个朦胧的早上，我从睡梦中醒来,母亲已煮好了热腾腾的水饺。当时我就想,难道大人晚上都不睡觉? 直到后来自己做了母亲才知道,不是大人不需要睡觉,只是在母亲的心里,孩子比自己更重要!

母亲是善良的。有一年冬天临近年关了,呼啸的北风夹着雪花扑面而来。我们全家人正在吃午饭,家里来了一个要饭的老头,头发凌乱花白,脸上布满皱纹,打着补丁的破棉袄用布条胡乱捆着,脚上趿拉着棉鞋已然露着脚趾头,两手抱在胸前冻得直打哆嗦。母亲一看到这情景,忙把他迎进屋里,给他盛了满满一碗白菜猪肉炖粉条。在那个物质极其匮乏的年代,吃肉是多么奢侈的事情! 我至今仍记得老人接过母亲递来碗时的情景:黑乎乎的双手颤抖着,沧桑的眼里流出了混浊的泪水。看他吃完,母亲又给他拿了一摞煎饼。就在老人接过煎饼的一刹那,他突然一下子跪倒在地,流着泪说:"你真是个大好人啊! 人家都撵我走,只有你这么热心……"母亲连忙扶起他,说:"谁没个三长两短的? 天这么冷,你多吃点暖和些。"母亲立在门前,目送老人远去,直到他消失在漫天飞舞的雪花中……

母亲是勤劳的。那一年,姐姐上大三,弟弟刚考上大学,我高考复读,妹妹中考。四个孩子上学,对于一般农村家庭来说,负担可想而知。为了给我们积攒学费,父亲决定去东北打工,母亲一个人在家,耕种着七八亩地,还养着三头猪。无论日朗天晴,还是刮风下雨,母亲总是早出晚归,像拉扯孩子一样侍弄着那几亩土地。她说土地和庄稼也是有生命的,你对它好,它就给你更多的收获。就这样每年我们家的收成总比别人家的好。许多年后村里人提起这些事来,都竖着大拇指说:"你娘真不是一般人啊!"我知道是什么力量支撑了母亲,是她的四个子女。她一心要把所有的孩子送出农门。我从小体弱多病,让母亲操心最多,姐弟四人中也数我学习不好。对于自己的不用功母亲从来没有指责,她苦口婆心地劝我一定要考上大学。但是高考那年,我落榜了,那时一个人躲在屋里就知道哭。母亲笃定地说:"不行就再去复习,使使劲儿,再一年就考上了。"复读那年,每次回家看到母亲日渐苍老的容颜,我都会偷偷地哭,我在心里跟自己说了一万次:"考不上大学就是犯罪啊!"1993年黑色七月结束,我去看分数线归来,母亲已等在村前的大路上,也不知已经等了多久。一看到我,母亲焦急地问:"看样子过线了?"我点点头,母亲一下子高兴了,那神情比当年姐姐考过了清华分数线还兴奋!那是我见过母亲最美的笑容了。

母亲用勤苦换来了好收成,生活却把母亲变成了"黄脸婆"。50刚出头的她,头发白了,腰背弯了,颈椎病、腰腿痛、脑血管病……过度劳累造成的病痛不停地折磨着她,就像栉风沐雨的山花,日渐失去了生命的光泽。看着母亲一天天消瘦的身体,我们心里十分难受。

那个早晨,没有任何征兆,弟弟急促的电话打来,说母亲病了,让我赶紧去医院。他当时不忍心告诉我实情,但听他悲伤的语调我已经控制不住泪水,放声痛哭。当我急切地赶到医院,三尺白布已经将我与母亲永远地隔开了。"娘啊,我的亲娘!能不能再喝一口女儿亲手为您熬的小米粥?"可任我怎么撕心裂肺地哭喊,母亲再也听不到了。子欲养而亲不待,这是做儿女的最大的悲痛啊!

多少次梦到母亲,她的面容还是那么慈祥,她还在花生地里挥舞着沉重的锄头,她还在小台灯下缝补着衣服,她还在灶台前包着我们爱吃的水饺……我扑上前去,想拉住她,可是怎么也抓不住她的手。醒来时,眼泪已浸湿脸颊。

落红不是无情物,化作春泥更护花。这些年,很多事情已经淡漠了,一些记忆消失了,但是母亲贤惠、善良、勤劳的品质却深深地印在我的心里。我将牢记母亲的教诲,勤于修身,严于教子,让优良的家风世代相传!这也许正是母亲最希望看到的。

花落有声,母爱无言。愿母亲在天国安好!

(作者单位:大汶河旅游开发区计生办)

母亲是本读不完的书

高星云

母亲是一本书。她虽没有华丽的封面,也没有优美的语句,但她富有博大精深的内涵,有我汲取不尽的"营养"。每当我翻开她,细细品读时,就会被她的魅力所吸引,被她的品格所感动。她是儿女生命的源泉、成长的动力、人生的航标。

母亲是一位坚强的女性。父亲性格内向、软弱,只知道拼命地干活,里里外外就靠母亲一人顶着这个家。一个小脚女人,满身疾病,既要下坡种田,又要打理家务,拉扯我们兄弟姊妹长大,供我们上学。解放前后那几年,自然灾害严重,地里几乎颗粒不收。大部分时间人们靠逃荒要饭度日。每年秋后,母亲就怀里抱着三哥,肩上背着二哥,身后跟着大哥,挎着篮子,下"南山"要饭去,翻山越岭,每天要跑上百家门。由于劳累和缺乏营养,母亲经常晕倒在要饭途中。晚上回来还要给孩子们缝补衣服。母亲的坚强感动了房东和周围的人。每当新粮食下来的时候,房东也会给母亲送一点。她没有珍贵东西感谢人家,就利用晚上给人家孩子做棉衣裳。从我记事起,母亲就因病不能下坡干活,但沉重的家务几乎累垮了母亲瘦弱的身躯。她做着七八口人的饭,供着三个学生,养着鸡、鸭、猪、羊,种着菜园子。每天从早到晚,母亲拖着虚弱多病的身体劳作,就像一台不熄火的机器连轴转。母亲虽然没有上过学,但她知道没有文化就没有大出息。所以无论生活多困难,她都坚持供我们上学。在那吃不饱穿不暖的年头,同时供着三个孩子一起上学,艰辛可想而知。为了我们,母亲几乎没睡过一个囫囵觉,没吃过一顿饱饭,没穿过一件新衣服。但她无怨无悔! 在母亲的熏陶下,我们兄妹六人都养成了吃苦耐劳、坚韧不拔的作风。这使得我们在后来的生活和工作中,无论面对多大的挫折和困难,都能顽强克服。

母亲为人善良、待人热情。文革期间,驻村工作组和来村调查材料的人特别多。村里没有食宿的地方,就只好把外来人员安排在"社员"家里吃住。虽然我们家里穷,但是由于母亲持家有道,我们家干净、整洁,关系和谐,在村里口碑极好,所以大队常会把客人安排在我家吃住。从文革开始到八十年代初,近 20 年的时间,我们家几乎成了大队的"接待处"。接待的客人,有部队军官,也有地方政府的领导;有大城市的,也有公社的;有住两三个月的,也有住三五天的。客人住下,母亲总是热情接待,尽管没有什么好吃的,但她还是用自己娴熟的手艺把简单的饭菜做得色香味俱全。客人们都很感动。母亲虽为一个家庭妇女,但她有良好的人格魅力,待人有极其热情,时间长了,客人和我们就成了一家人。无论天南地北的、官大官小的客人,母亲都能聊得来。客人们经常跟母亲聊当前国内外形势、大城市生活、天南地北的风土人情、交流持家教子的经验。这些即使母亲增长了见识,开阔了心胸,又为母亲培养我们健康成长奠定了"理论基础"。

母亲乐善好施,备受人们尊敬。随着儿女们相继参加了工作,家里的条件也逐渐好了起来。哥哥嫂子们每次来家都给母亲捎些好吃的,但老人家每次都不舍得吃。她把那些东西分成若干份,让我们送给村里老人们尝尝。每次摊煎饼,她都让我给村里那些孤寡老人挨家送。邻居们有啥事需要我们家帮忙,母亲从来没有拒绝过,哪怕自己的事先不办。她常说:"难时帮人一口,胜过有时帮人一斗。"

母亲虽然没有文化，但她注重儿女"人品"的培养。她既是我们的"严师"，也是我们的"典范"。她常用一个个典故教育我们：做人要吃苦耐劳、诚实守信、不媚权贵、帮贫济困。我们的家教非常严格，穿衣戴帽、吃饭走路、物品放置、接人待事都有具体的规范。母亲常说：人没有家教，人品就好不了，也不会成大器。她用自己的一言一行教诲着儿女，引导我们树立正确的人生观、价值观。在母亲的教育下，我们兄弟几个都在十八、九岁就入了党，相继参加了工作。在单位，我们严格要求自己，积极进取。在老家的四邻八村，一提起我们的家庭，人们总是交口称赞。

母亲一生明事理。一九八九年春节，母亲病危。我和大哥第一时间从外地赶回家，全家人和医生一起24小时陪护着她。母亲临终的前两天还在为子女的工作着想。她拉着我的手说："娘知道你在部队上忙，本来不想叫你的。我没事了，你也快回吧，别为了娘给部队上耽误了事啊。"她嘱咐大哥："你也该走了，好几万人的厂子离不开你这个当家的啊。"两天后，母亲带着对儿女的深情，带着对人间的眷恋永远地离开了我们。出殡那天，沿途的街巷里都挤满了人，好多在县城工作的人都回来了，为的是送母亲最后一程。

母亲虽然没有留给我们多少物质财富，但她留下的精神财富，是我们永远享受不尽的。而且我们还将世代传承下去。

（作者单位：安丘市青云山管理处）

我家有棵常青藤

陈安东

我家有棵常青藤,它是母亲留给我们的勤劳善良的家风。

母亲生于三十年代末,是个地地道道的农家女,嫁了个地地道道的农家夫,生了我们姐弟五人。奶奶是个从旧社会熬过来的人,当儿媳妇时受尽婆婆刁难,本指望"千年的媳妇熬婆婆",做了婆婆可扬眉吐气了,可没想到等自己做了婆婆,新社会来了。新社会的婆婆不能对儿媳妇故意刁难了。可能奶奶心里有些失落,对我母亲没有百般呵护,甚至有些缺乏亲情。

听母亲说,奶奶看我们姐弟五个只能吃穿,不能做事,而那时姑姑叔叔都已成年,都是响当当的壮劳力,如果在一起过,很明显我们是拖累。因此,奶奶早早就和我们分了家。在那个物质匮乏的年代,养育五个儿女,只有父母挣公分,光吃饭穿衣就是大问题。为了解决眼前的生计难题,母亲和父亲精心商量,做出了一个最佳决定:父亲去外地出工(就是公社组织的建水库、修路等大型工程,各村出劳力,村里记公分),既可以挣一个整劳力的公分,又可以省家里一个人的口粮(出夫集体管饭)。家里的事全由母亲一人张罗,既要去生产队劳动挣公分,还得做给五个孩子吃穿。为了多挣公分,多分点粮食,母亲说她从没请过假,遇到头疼脑热也硬扛着出工。每每听到母亲说起这,我的眼里总是会热泪涌动。母亲说,干多少活她都不怕,好胳膊好腿,干点活儿累不死人。最让她为难的是,几个孩子正长身体,吃饱饭都是大问题,给孩子吃点有营养的东西几乎不可能。更要命的是,家里连现成柴火都没有。但是,这些都没有难倒勤劳的母亲:为了给我们加点营养,母亲买来六七只小兔,说好由我们几个孩子负责喂养,养大了卖了钱,就给我们割肉吃。有了香喷喷的肉的吸引,我们干劲十足,放了学就挎上筐子挖兔草。家里没有现成的柴草做饭,母亲就利用收工的机会到家西的山上刨野草,刨出来接着晒在山坡上,等不及全干就要背回家烧。母亲说,每摊一次煎饼,眼睛就熏得看不清东西,摊完就快跑到山根下睁大眼睛溜半晚上。在母亲的带动下,我们也从小养成了热爱劳动的好习惯。

母亲是勤劳的,更是善良的。记得有一次我放学回家,母亲正在摊煎饼,鏊子旁边的门槛上坐着一个脏兮兮的陌生人,正和母亲啦着家常。那人一只手里拿着一个脏兮兮的破碗,碗里有几块冒着热气的闷咸菜,另一只手里拿着一个已吃开的煎饼。这人很明显是一个乞丐。见我出现,那人显得很不自在,"大妹子,你真是个大好人。我快走吧,要不一会儿你家掌柜的回来看着不愿意。""没事,再吃个吧,吃完我再给你倒点热水,出门在外不容易。"那人吃完,打着饱嗝走了,一边走一边嘟囔着:"真是个好人,天底下难找的好人,天底下难找的好人啊……"母亲并不富有,但她有一颗菩萨般善良的心,她让一个乞丐在她家门口感受到了家的温暖。

时光如流水,渐渐的,我们几个孩子长大了。几个姑姑早已远嫁他乡,叔叔也已成家,爷爷、奶奶老了。看到爷爷自己不能担水吃了,母亲毫不犹豫地说:"我给送!"这样,母亲几乎每天给相距一里多地的奶奶家送水。"某某他娘,忘了你婆婆怎么对你了?"邻居们笑说。母亲只是笑笑,"俺们是一家人啊,人老了,不照顾哪行?"后来,在母亲的影响下,我们几个孩子都抢着去给奶奶担水。又后来,母亲说:

"爷爷、奶奶年纪大了，你们去两个和他们做伴吧。"于是，我和姐姐被派到了奶奶家。奶奶看到我们来，有些愧疚地说："你娘真是个好人。"是的，母亲有一颗金子般的心，她永远只为别人着想。

如今，母亲永远地离开了我们，但她的勤劳善良将永驻我们心中。母亲留给我们的勤劳善良的家风，将一如那生命力旺盛的常青藤，青春永驻，代代传承……

（作者单位：安丘市金家子镇人大）

我的家风故事

王龄贤

在我的成长经历中,父亲的影响最大。

我出生在一个工农结合的家庭。父亲是供销合作社职工,母亲是农民。按照当时政策规定,孩子的户口性质取决于母亲,我们姐弟四个自然便成为农业户口。小时候因为仅有母亲一个劳动力,我家挣不到足够的工分,所以每年在生产队分配口粮时,都要面临着这样的尴尬:要么少领取口粮,要么缴纳现金买足工分的差额。口粮数本来就徘徊在温饱线上,少要吧,就得忍饥挨饿;缴钱吧,父亲几十元的工资,是六口之家唯一的经济来源,应付生活日常开支、供应四个孩子求学已经十分紧张,实在难以挤出余钱。所以在我的童年记忆中,我家对生产队的欠款,就年复一年基本上没有结清过。相对于纯粹的农民家庭,我家的日子更加拮据和困难。尽管家境清贫,但父母的勤劳朴实和乐观向上熏陶感染着我们,一家人生活得其乐融融。每每回想起来,成长的记忆都是暖暖的,充满了温馨和感动。

父亲性情坚韧,豁达乐观,无论面对什么样的挫折和磨难,从不轻言放弃。他前半生坎坷。34岁那年,家乡发生严重水灾,深更半夜水库决堤,洪水淹没村落,父亲当时的妻子和两女一子全部遇难。父亲因工作在外得以幸免。一夜之间,人财两失,父亲成为孤家寡人。遭此毁灭性劫难,父亲没有沉沦。他忍受着巨大的悲痛和凄苦,坚强地从废墟中站起来,与我母亲再组家庭,从一砖一瓦攒起,完成了家园重建。生活中遇到困难时,他总乐观地说:"没有过不去的火焰山,多想想,就一定能找到解决问题的办法。"

父亲品行正直,善良敦厚,是十里八乡公认的好人,在乡亲百姓中享有极好的口碑和人缘。他始终信奉忠厚传家远的古训,为人坦荡真诚,不与人耍心眼儿;处事公平厚道,人敬我一尺,我回敬一丈;待人诚实守信,凡事不轻许诺言,但只要答应了别人,就一定千方百计努力办到;坚持"(责)怪人不知礼、知礼不(责)怪人"的信条,遇事从不斤斤计较,不无端地指责苛求别人,总是站在对方的立场上考虑问题,宁肯相信人家有难言之隐和特殊理由。

父亲诚恳热情,乐于助人,尽管自家生活捉襟见肘,但在帮助困难乡亲方面,从来都是该出手时就出手。他深知,"饥了给一口,强过饱了给一斗"。上世纪六七十年代,物资极度匮乏,左邻右舍难免超出票证供应额度。有的需要几尺布给孩子做衣服,有的需要半斤煤油点灯照明,他都帮人家想办法解决。实在无能为力、对方又确实困难的,就宁肯自己家少用甚至不用,也要慷慨地周济别人渡过难关。他常说:"谁还没有个难事儿?咱咬咬牙就能挺过去。人家更困难,这东西人家用了比咱自己用了强。"

父亲甘于清贫,公私分明,从不贪占国家和集体的丝毫利益。十余年间,他担任供销社煤场的负责人,每年经手煤炭数千吨,可家里再冷也从不生炉子取暖。他一人管理着盛装十吨煤油的油罐,家里点灯用的几斤煤油却照样凭票去供销门市购买。他还负责过地瓜干兑换散装白酒的过磅和仓储工作。那时3斤地瓜干加两角七分钱兑换1斤散装白酒。偌大的仓库里地瓜干堆积如山,每次转运时都会因吸潮涨称数百公斤,可家里兑换白酒时,他都是吩咐我们用筐子挎着自家地瓜干去过磅,分两不差。记得有一次,十三岁的二哥去供销门市打酒，路上不小心将兑换两斤多白酒的地瓜干过磅凭条弄丢了，被父亲狠揍了一顿。

父亲不苟言笑，说一不二，是拥有高度权威的严父。他始终秉承"惯子如杀子"的理念，将宽厚深沉的爱藏在冷峻严厉的外表下，常常用甘罗十二拜相、孔融四岁让梨等故事，教给我们做人的基本道理。他家教甚严，无论哪个孩子违规犯错，都一律给予严厉责罚。记得大哥十岁那年，与小伙伴一起去生产队瓜园偷摘了一个西瓜，被父亲用鞋底一顿狠揍，屁股青紫，几天之后走路仍一瘸一拐。从那以后，我们再也不敢犯错误了。

父亲自己读书不多，却把学习看得比什么都重要，从小就给我们灌输知识改变命运的道理。所以从朦朦胧胧懂事时起，我就埋下了发奋学习的种子，对求学生涯充满了期待和向往。刚满 7 周岁，我就吵闹央求着跑去上学了。在八、九岁上学最为常见的农村，我成为班里年龄最小的学生，却是老师和长辈眼中懂事又聪明的好学生、乖孩子。小学阶段印象较深的事情是，我三年级时写在田字格中的铅笔字，被老师拿到五年级的课堂上，让学兄学姐们照着练字。这使我体会到了勤奋学习、努力上进的荣耀和成就感。

在当时挣不够工分的条件下，如果增加一个劳动力，我家的困难情况就会得到根本改观。也有不少人劝说："孩子能识字就行，上学再多有什么用？"可是父亲供应孩子求学奔前程的立场十分坚定。无论生活多么困难，他都未动过让孩子退学的念头。就这样，姐姐和两个哥哥都读到高中毕业，我还考上了大学。在父亲的开支顺序上，保障孩子学习是首要的，为孩子买书从不吝啬。三年级时，父亲买回一本《格林童话选》。我如获至宝。尽管有很多字还不认识，尽管有不少话似懂非懂，我仍然爱不释手，读得如醉如痴，连晚上睡觉都放在枕头底下,经常带着对童话世界的无限遐想、对真诚善良的美好向往进入梦乡。在父亲的影响下,从初中起,我大量阅读课外书籍,对《史记》《古文观止》和唐诗宋词中的不少名篇都是耳熟能详,让我对人生的目的、意义、价值有了更深刻的理解,对平和、宽容、超然、淡定等品质多了一些感悟和洞察。

正是家庭温暖和谐的融洽氛围,正是父母潜移默化的教育熏陶,正是父亲顶天立地的男人形象,使我们姐弟四个都养成了坚强达观、积极向上的生活态度,铸就了与人为善、求同存异的宽容品质,坚定了老老实实干事、清清白白做人的信念,获取了不畏困难挫折、敢于拼搏进取的勇气,树立了感恩回报社会、无私奉献助人的爱心。虽然我们的职业不同,有干部、有工人、有工商业者,也没有做出什么轰轰烈烈的成绩,但都在自己的岗位上发光发热,以诚实劳动与守法经营书写着一个大大的"人"字。

参加工作二十余年来,我先后荣立二等功 1 次、三等功 3 次、嘉奖 6 次。从公安基层到市委机关,从执法办案单位到综合管理部门,无论什么工作岗位和职务角色,我都始终恪守家风,谨记父亲对我们的教诲,牢固树立敬畏制度的底线思维,严格遵守各项法律法规和禁令规定,坚持自重、自省、自警、自励,做到时刻廉洁自律,不越雷池一步。作为一名人民警察,我会坚持不懈爱岗敬业,以实际行动践行中国特色社会主义核心价值观;作为一名家族传人,我会始终如一诚信友善,用身体力行传承阳光向上的朴素好家风。

(作者单位:安丘市公安局政工室)

"四再"家训伴我行

刘冠丽

孟子以"养身莫过于寡欲"为家训,教育后代;李世民以"奉先思孝,处下思恭;倾己勤劳,以行德义"为家训,鞭策自己,激励后代。

我们家不是什么名人家庭,也不是什么书香世家,并没有什么成文的家风家训,实在要说的话,就是"再难也要坚持,再好也要淡泊,再差也要自信,再多也要节省"。它的意思并不高深,就是字面上看到的,可是对我们来说,要做到这几点并非易事。

家训第一条:再难也要坚持! 老实说,我原本是个挺没有毅力的人。曾经有段时间为了体育考试而锻炼身体。刚开始的时候,父亲监督我做仰卧起坐,我做了二十几个就坚持不下去了。这时父亲突然开口:"就你这样体育考试的时候怎么办? 做什么都半途而废你能做成什么? 你做不到不代表别人也做不到,你没有坚持下来别人坚持下来,输的就是你。一个败者的哭诉是没有人听的! 你想做胜者就要靠自己坚持!"父亲的话如当头一棒,"是啊,如果一直半途而废,我可以做什么?"忽然之间,我身上充满了力量,自己数着个数坚持做完了剩下的仰卧起坐。不到没有退路之时,永远不知道自己有多强大。而退路永远是自己给自己的无能找的借口。再难也要坚持,那才能够成功。

家训第二条:再好也要淡泊! 现在,显摆、炫耀的现象随处可见。而我认为,一个到处显摆自己的人不会有知心的朋友,不会有人喜欢听你的显摆。淡泊是一种生活态度，一个人真的做到清心寡欲，与世无争是很难的。但我们可以尽可能的去看淡一切，正确的面对自我，做一个让人喜欢的人，做一个让人可以轻松相处的人，这其实并不难。

家训第三条:再差也要自信! 父亲的老家在一个小县城。听爷爷说刚开始的时候,父亲挺没自信的,但是在与爷爷的一次谈话后,父亲渐渐开始显露自己。"一个人可以没钱,可以没学历,但必须要有自尊自信。如果一个人连自信都没了,那他这一辈子就只能畏手畏脚。要知道你不显示自己的才能,那就不会有人发现你。"这是爷爷说的。是啊,没有自信谁来发现你的才能? 自己就算再差也要有自信。父亲就是靠着这股劲儿,渐渐显露自己,一步步从小县城打拼到了大城市!

家训第四条：再多也要节省! 很长一段时间里我不太明白这个"多"指的是什么。前段时间网上很火的一句话,"你所浪费的今天,是昨天死去的人奢望的明天;你所厌恶的现在,是未来的你回不去的曾经。"其实,这个"多"不只局限于物质生活,它也可以代表时间。大家都会认为,我们还年轻不需要珍惜时间,可是说不定下一秒你就会后悔。因为很多东西会在我们不经意间失去,所以我们需要珍惜现在所拥有的一切。

大家或许会觉得我家的家风很古板。但我觉得这些都是实用的道理。他会帮助我实现理想,走向成功。朋友,你不妨也试试吧,或许你会发现它的好。

（作者单位:安丘市东埠中学）

我家的两张名片

王广祥

每年春节，我家大门都会张贴"诗书传家远，忠厚继世长"这幅春联。生活中我们也始终恪守着这一信条，渐渐地将"书香门第，忠厚老实"打造成了我家的两张名片。

在老家方圆几里内，谈起我们家，乡邻们多少有点羡慕。评价最多的就是"书香门第，子孙上进"。的确，年过七旬的父母种了一辈子地，而他们的子孙多半成了读书人，三子一女，两人考出了农门，孙子孙女，个个大学生。这是父母今生最大的收成，也是父母最大的骄傲。饮水思源，我们感激父母的英明，感激父母眼光长远，重视教育，吃苦耐劳，舐犊情深。回想起当年，父母总是说，"我们庄户人除了念书考学，没有别的出路，就是砸锅卖铁也要供应你们上学！"

解放后，父亲在邻村上了四年小学，迫于家庭贫困，不得不早早地辍学下地干活。母亲只读了一年"识字班"，粗通姓名而已。父母吃够了没有文化的苦头，把全部希望寄托在我们兄妹四人身上。

1977年正月初五，我们和爷爷奶奶分了家，当时连住的屋子都没有，只好暂时和爷爷奶奶挤住在一起。正月十六，趁大队干部在公社开会的那几天，父母多方筹借物资、粮食，在我家分到的屋底子上，建起了第一座住房（那时农村盖房子要等到每年腊月二十三以后大队批准了再建设）。墙皮未干，炕还没支起来，父母就领着我们搬进了新家，打了一段时间的地铺，吃了一春天的烂地瓜干。为了生计，为了供应我们念书，一向老实巴交的父亲鼓起了勇气，利用在山上开石头搞副业、相对自由的便利条件，和生产队的另外两个劳力偷偷跑到昌邑的炼铁厂砸铁（把废料砸碎或者炸碎，重新回炉冶炼）。那时，干这样的活叫投机倒把，属于被割的"资本主义尾巴"。父亲十天半月不敢回家，回来也是东躲西藏。有一次回家后，大队干部准备抓他们。幸亏有人报信，父亲趁着黑夜钻进了我家门前的二沟偷偷跑了。后来大队里安排我三叔到昌邑找到父亲，动员他们回家。他们在生产队里做了自我检讨，还被处罚没收了些东西，才算过了关。那时，父亲外出打铁挣了点钱，在昌邑花了160元买了一辆二手大金鹿车子，以后骑了好几年。当初每次回家都停放在四五里外的我二姑家，然后再走着回家，怕被大队发现了没收。后来，可能是风声紧的缘故，父亲不再出去打铁了。家里的日子依旧异常艰难，四张嗷嗷待哺的小口，压得父母喘不过气来。有几次，父亲被贫穷逼疯了，吵着要去邻县下炭井，说什么出了事故，家里还能挣一笔钱补贴家里，最后好歹被我们劝住了。

1980年，改革开放的春风吹到了小山村。父母敢为人先，在村里第一批购买了小驴车，上山打石头卖给水泥厂，以后又换了马车。那些年，父母起早贪黑，最忙碌、最辛苦、最劳累，但也最有干劲。有几年，父母年前忙到年三十，正月初一拜完年，又装车送石头，因为过年期间水泥厂现钱来得快。那时年轻，我还不理解父母的苦心和无奈，有时埋怨过年也不得安生。一到暑假，我就上山搬石头，一个多月下来，我经常是晒得黝黑，体无白肤，浑身有劲。经过几年拼死拼活的大干苦干，家里的日子终于翻了身，吃饱了饭，还有了余钱，1984年、1987年相继盖起了两座新房。

1981年，我第一次参加高考，超出录取线30多分，满怀希望地要去外地上大学,不料最后被昌潍师专录取。我一度情绪低落,垂头丧气,难道要当一辈子的老师吗?那时老师地位低下,被贬称为"臭老九"。在我犹豫是不是复读的时候,父母和家人亲戚们可高兴坏了。因为我是村里的第一个大学生,端上了"铁饭碗",摆脱了"面朝黄土背朝天"的宿命,个人前途有了保障,家里的负担也减轻了。在大爷、大舅等亲人们的开导下,望着父母殷切的目光,我最后还是在父亲的陪同下,踏上了去潍坊求学的公共汽车。因为我的首战成功,父母看到了希望,更坚定了供应子女读书的信心和决心。后来,二弟读完高中,复习了一年,再次落榜,他自己提出不再复习,就回村务农,两年后父母就给他娶了媳妇。三弟读到初中,一看书就头疼,要命不上学了。父母郑重地征求了他的意见,才同意他辍学回家。虽然,两个弟弟一辈子被拴在了土地上,但他们对父母毫无怨言,知足常乐。1990 年,妹妹考上了中师,学费要 800 多元,愁坏了全家。那时,二弟刚结婚一年,我又面临结婚,大家庭用钱的项目多,家里的积蓄已经用在了建房子、娶媳妇上。暑假的最后一周多,我们兄妹四人,到附近的村子拾蓝宝石。在一条浅浅的河沟里,我们兄妹齐心合力,堵住一段河道,有的用舀子舀水,有的干脆用手捧水,等水退下去了,露出黄灿灿的沙子,就捧起滴滴沥沥的沙子,细心地翻拣着蓝宝石,蓝光一闪,眼前一亮,几天功夫就赚够了妹妹的学费。时过二十多年,我们还经常津津乐道这件逸事。

父母除了鞭策我们努力学习,还言传身教,教诲我们做人处世的道理,使我们学会了如何对待自己的父母兄弟子女,如何与人为善、团结友爱,如何遵纪守法等等,形成了"诗书传家远,忠厚继世长,家和万事兴"的家风。

"百善孝为先"。父母为子媳至孝,结婚后没有要求立即分家,在爷爷奶奶的大家庭里，又干了12年。一直等到三叔结婚，小叔长大，我们的小家才独立出来。分家后，父母对爷爷奶奶依旧是晨昏省定，嘘寒问暖，直至养老送终。奶奶临终前的两年，我已经上大学，吃上了国家粮，而家里还吃粗粮。父亲多次嘱咐我从学校食堂买上几斤白面馒头孝敬奶奶。父母这样孝顺爷爷奶奶，我们做儿女的都看在眼里，记在心里。现在轮到我们报答父母了，我们自然是尽心竭力，让父母尽享天伦之乐。做儿女的自不必说，三个儿媳妇也都把公婆视若亲生父母，孝顺公婆，尽心尽力。去年10月，我歇年假陪父亲去了一趟北京旅游，圆了他的北京梦。75岁的老农登上了天安门，走进了紫禁城，爬上了长城，后来逢亲戚来我家，父亲就骄傲地拿出精美的影集来展示他的北京之旅。

"兄友弟恭"。父亲对自己几个兄弟的态度，使我明白了这句古训。对出继的大爷，父亲恭谨有加，言听计从；对两个叔叔，更是呵护有加，关爱备至。现在回头看看，父亲对待自己的兄弟，经常不计得失，甚至宁愿牺牲我们家的利益。我的两个弟弟，长大后成了我家的主劳力，也成了伯叔家的主劳力。出粪、耕地、浇地，这些脏活累活，他俩为伯叔家做了不少。现在弟弟们还常开玩笑说，"那些年，伯叔家的犁，还都是我们拉的哩！"以前，每年春节，两个叔叔家贴春联都是我们的任务。堂弟们还小，三叔腰脊严重变形，我们给三叔贴完，再去给小叔贴。每年贴完春联都把我累得腰酸背疼。大约干了十七八年，堂弟们长大了，我们才算解放了。

"与人为善"。对街坊邻居，父母礼貌和气，从不依仗家族大就欺负别人，从来不做损人利己的事情，邻里关系和睦。为了村里的利益，年过古稀的父亲，经常跑前跑后，冲锋在前，我多次劝阻他，但是收效甚微。由于耳根子软，父亲难免被别有用心的人利用，事情过后父亲依旧是一副热心肠。

也许是更多地秉承了父亲的基因，我们兄妹四个，忠厚老实，认真敬业，但也缺少一些"灵活"。母亲经常数落我们，"是直肠子驴，不会拐弯"，"一句好话就哄的不知姓什么了"，敲打我们"不要被人家卖了还帮人家数钱"。我们知道，这些年，在有些人的眼里，老实就等于无用。但是我们本性难移，不改初心。凭着忠厚老实，人品正派，两个弟弟外出打工，无论走到哪里，都很受欢迎。因为他们干活从不偷奸耍滑，不耍心眼。在乡村小学当老师的妹妹兼职单位的会计，早早地评上了小高，这也是我们恪守家风带来的美好结局。

从 1977 年至今，四十多年来，积年累月，薪火相传，经过祖孙三代的共同努力，我们家终于形成了"书香门第，忠厚老实"的家风门风，创造了家庭和谐、兴旺发达的可喜局面。我相信，只要我们铭记"诗书传家远，忠厚继世长"的古训，一以贯之，久久为功，我们老王家一定会人才辈出，枝繁叶茂！

（作者单位：安丘市科学技术协会）

忠厚传家 诗书继世

高永杰

我国自古注重家风传承。良好家风的形成,取决于长辈的言传身教。我的父母都是老实本分的农民,虽然从来没有总结、归纳、明确过家风家规家训,但谈起家风,我第一印象就是小时候过年家里经常张贴的对联:自古忠厚传家远,从来诗书继世长。

"忠厚",就是要做人本分、与人为善

土地是农民的命根子,所以"争地头"在农村纠纷中屡见不鲜。十多年前,父亲与友人承包了水渠边的土地,西面是水渠,东面是其他人家的地头。我们承包后,东面人家纷纷在地头种树,把树种到了我们地里一段距离。父亲友人脾气刚烈,约父亲一起去理论。父亲没有答应,被友人认为太"怂",甚至我也一度认为父亲有些软弱。父亲主动将树往自己地里退后一段距离种。浇地时东面人家的水管要经过我们的地,父亲也没有故意找茬。几年过去了,我们与邻家的树都已成材,父亲友人与他的邻家却经常闹得不可开交。树苗往往是栽了拔、拔了栽,一直没有成材,每当浇地时也会发生矛盾。可能是目睹其他几家"争地"的"惨烈",再栽树时我们的邻家主动退回自己地里。这段经历使我深切的感受到,虽然父亲只是一位农民,但在这件事情的处理上,与"千里家书只为墙,让他三尺又何妨"的张宰相一

样,值得我敬佩。这也让我明白了一个道理:冲动是不计后果的盲目行为,宽容则是深思熟虑的理智选择。锱铢必较可能会逞一时之快,与人为善才能一世洒脱自在。

我们家是传统的"男主外、女主内"格局。上学前都是母亲带着我们兄弟两人,整日给我们讲一些兄弟和睦的寓言故事。虽然与弟弟年龄仅相差一岁多,但记忆里我们从未发生过冲突。印象最深的就是有一次别人给弟弟一个苹果,而我去了亲戚家。过了几天我回家后,弟弟才把苹果拿出来切开一人一半。每当提及此事,母亲都感到欣慰。上高中特别是参加工作以后,在家的日子屈指可数。相聚时母亲总是唠叨一些处世之道,告诫我们遇事要往好处想,与人交往要多记别人的好、少想不愉快的事。现在想想,母亲简单的话里包含着诸多道理:人生在世,并非只有快乐没有烦恼,也并不是只有烦恼没快乐。只有不断调整自己的心态,保持一种愉悦的、与人为善的态度,才能使自己的生活充满阳光。虽然家里经济条件不好,但外出或开学时,父母总是多给我们一些钱备用,并告诫我们"穷家富路",在外不能亏待自己,但也要勤俭节约,不到万不得已不能向朋友借钱。可能是受母亲的影响,至今我都没有使用信用卡的习惯。虽然有点落后于时代,但我坚持自己的原则,那就是:生活的幸福与金钱无关,有多少钱办多少事。不是自己的东西不贪不要,不该得到的利益不侵不占。通过踏实工作获取应得的报酬,这样才能活得问心无愧。

回忆父母在做人方面的教导,遵循的主线就是爱。在家爱父母、爱兄弟姐妹;在外爱周围的人,懂礼貌、讲诚信、不自私、不傲慢,用善良的心帮助他人,用宽容的心对待他人。父母一直都是本本分分做人,也一直教育我们遵守做人的本分,小到站有站相、坐有坐相,少跷二郎腿、坐着不抖腿,长辈到家里做客要起身恭迎、端茶倒水;大到遵纪守法、不干违法违纪的事,对朋友忠诚守信、不能欺诈,对事业尽职尽责、兢兢业业等。虽然父母文化层次不高,但掌握的做人方面的谚语却一点都不少。从"人家过年咱过年,人家吃肉咱不馋"中,我明白了不能攀比;从"不做亏心事,不怕鬼敲门"中,我明白了不能做违法违纪的事,才能心绪平静、泰然生活;从"世上无难事,只怕有心人"中,我明白了坚持不懈的道理。父母类似的谚语不胜枚举,都使我获益匪浅。

"诗书",就是要主动学习、读书明智

小时候听奶奶讲,父亲高中时曾借了同学一本《三国演义》,因为着急还,所以两个通宵挑着煤油灯读完。父亲一直坚持"虽为农民,不可废书"的理念。虽然农活繁忙辛苦,但有机会也会去读读书,母亲对此也没有怨言。有一次邻居看到父亲干完活后跟我们一起看书,母亲却在灶前忙碌,颇为母亲不平。但母亲却说:"没事,让他多教教孩子读书。"

父母的影响造就了我与弟弟爱读书、爱学习的好习惯。小时候,家里没有条件经常为我和弟弟购买读物,我们就把父亲书箱里陈旧的书籍翻出来读。有很多不认识的字,但也能似懂非懂地读完。记得初一时,语文老师讲授"寒食节"的来历,问大家有没有知道的。我将看过的介子推的故事讲述给大家。望着大家羡慕的眼神,更加坚定了我多读书的决心。有一次父亲外出做活,主家一些旧东西不要了,就让他挑一些拿走。父亲没有拿锅碗瓢盆等生活用品,用自行车走几十里路驮回了一整箱的唐诗宋词等书籍。工友们对他颇为不解。但我明

白,这是给我们的最好礼物。

上学后,小伙伴们空余时间多是聚堆打牌。父亲却告诫我们,打牌、嗑瓜子是最浪费时间、没有价值的事。所以我与弟弟空闲时都是在家里读书、写作业。即使是春节,邻居亲友家里团聚喝酒打牌时,我们都是一家人围坐桌前,聊天看春晚,清静之中感受着暖暖的温馨。

现在我与弟弟都大学毕业参加了工作,回家时都习惯性的带几本书给父亲看。女儿已经三岁,母亲经常教她诵词背诗读古文。虽然孩子现在只是机械的背诵,但我依然感受到读书的家风在代代传递。

忠厚方能修善,读书方能修德。正是父母的言传身教,才使我明白了做人做事的道理。家庭是圃,孩子是苗,家风如雨点,有了雨点的滋润,幼苗才能茁壮成长。家庭是社会的"细胞",好家风是治国理政的基石,家风正则国家兴。父母对我的教育,使我意识到并非只有明文记录的要求才是家训,并非只有明确表达的才是家风。父母给予子女做人做事方面的教育和指导,其中蕴含的价值追求都是家训,在父母言传身教影响下形成的家庭风气就是家风。虽然每个家庭教育内容和方式存在差异,但都蕴含着大同小异的价值追求。无数个家庭的价值追求汇聚起来,就形成了一个国家和民族的精神追求。习近平总书记曾要求各级领导干部要读读《弟子规》。母亲教女儿读书之余,我也时常拿过《弟子规》读读,读的越深入受到的震撼越大。全书大部分都是德育修养的内容,足见古圣先贤对德育的看重。在培育和践行社会主义核心价值观的当下,弘扬良好家风,就是要弘扬和传承以"爱"为核心的价值追求,小到构建和谐邻里关系、爱岗敬业,大到服务群众共筑和谐家园中国梦。作为公务人员,更要将群众看作衣食父母,从孝老敬亲做起,将对父母的爱拓展到对群众的爱,将家庭"小爱"延伸到家国"大爱",以中华传统文化精华作为优秀教材,不断砥砺情操、磨炼人格,结合时代要求修善修德,筑牢为官做人的基石,在为人民服务的宏伟事业中不断升华自我、立业立名。

（作者单位：潍坊市商务局）

故土上的故人

曹洁

　　故，一个古典而优雅的汉字，沧桑而端庄，如一件古旧的器物，泛着柔软的黄，浮起一抹隔世的暖意。故土、故人、故风，与你萦绕，从不舍离。每年早春雪后，父亲总会带我辗转回到黄河岸边的老家石虎峁，沿着山脊蜿蜒而上，去看望安息在故土上的故人。

　　石虎峁，静卧俯瞰，岿然等待归家的游子。黄河两岸的山山峁峁，各具形态，各有典意。石虎峁，由山顶上一块形似老虎的巨石得名。我的祖先们生在这里耕耘，死在这里安息，一代又一代。一座座黄土坟茔，自上而下，已经排过八代了。第四代曹公讳安喜墓前，立有一碑，因为家族的悉心保护，至今无一点儿残损。石碑端正，碑文清晰可辨，由曹公的儿子曹慕彬立于民国十二年。

　　曹慕彬是我的高祖父。春阳中，他微笑着，向我讲述一个个关于祖辈、关于他的故事。高祖父十三岁娶妻，十五岁生子，育两女一男，子名"增昌"，寄予了一份多子多孙、繁荣昌盛的厚望。可惜，曹增昌虽生三子，却未能长寿，英年早殁，将全部的负担留给他。高祖父便以爷爷之身，撑起家族之伞，呵护三个孙儿吉庆、有庆、余庆，祈愿延续一份"吉庆有余"的血脉。

　　一个十三岁的孩子，年少娶妻，过早地圆满了一份人间天伦。他的个头还没有长足，他的脏器还没有成熟，他的性情尚在真纯，他如何面对过早推到自己面前的漩涡险滩？我多虑了，这个早熟的孩子，不只以稚嫩之身担负起家庭责任，而且，顶天立地，继承繁荣了曹氏家族几世几代的耕读家风。我不止一次想象他年轻时候的模样、风仪、气度。他生在清朝，长在民国。个子挺拔，不壮硕，清秀的书生模样，眉宇间一股英气散发，深情刚烈。他走到哪里，哪里就有一种摄人的气场。这气场，没有纨绔子弟的流气，没有富家儿孙的霸道，没有庸常人等的粗野，如超常的磁力，吸引着他身边的每一个人。他更言教身传，影响了一代代后辈，践行家训，传承家风。

我小心翼翼地，从奶奶手上接过一本手抄书：《曹氏家风》(录选本)。薄薄的，32开，手工线装，封皮左上角粘贴长条红纸，竖写着"曹氏家风"。轻轻打开封皮，宣纸淡黄，墨香如初。一页页竖行小楷，抄录了各种内容的家风家训，包涵天地诸神、人畜诸事、修身养性等，以五言、七言为主，诸般联句，典意风韵。

这手稿是远逝故人的唯一遗存。他倾心诸事，潜心修养，用心纸墨，耐心誊写，字字工整，句句丰厚。随意拈出几联，即见其性情雅好，高远心志："百代文章事，两门富贵春，"缘于天下文章，结于一族富贵，借文章说富贵，脱了物欲，添了雅兴；"鱼水千年合，芝兰百世荣"，以鱼水之情、芝兰玉树为喻，寄予婚姻和满、子孙其芳的美善愿望；"传家有道唯存厚，处事无奇但率真"，既言自身处世的率真风度，又启示后人为人有道忠厚承家，一联双得；"温良恭俭让让中取利，仁义礼智信信内求财"，以儒家之风警戒贪利之心，可见其儒商风度；"身安茅屋稳，性定菜根香"，以恬然之心淡看物质奢华，获得性灵的自然香醇："庭前松竹秀，阶前桂兰芳"，以松竹兰桂为喻，寄托清洁高洁高雅情趣；"书田菽粟皆真味，心地芝兰有异香"，将书田相联，明言书中自有良田、田中自有书意的人间真味，如芝兰之香……

默然独坐，一页一页、一行一行、一字一字，去抚摸这遗留先祖气息的手抄本。财富传家，不过三代；诗书耕读，平安百世。柔软的宣纸上，先祖的温度、气息、风仪，一举手一投足，恍若在眼。我甚至能够看到他端庄优雅、气定神闲、伏案信笔。不是挥毫泼墨，更不是大肆挥洒，只轻轻地一笔一画，从容书写。将一份虔诚的天地敬畏、恬淡的身心修养、忠善的家门家风，融进一横一竖、一撇一捺，几世几代，没有抬头。世事沧桑，于他视而不见，听而不闻，一张薄薄的纸，屏蔽了扰扰红尘的喧嚣与纷争，只留一片洁净。

作为后辈子孙，我无法从泛黄的纸页里抬头，无法放手一卷薄薄却厚重的手稿，无法释怀一份清雅悠远的追思和传承。从这个已故久远的亲人身上，我看到一个家族诗书耕读的世传门风，看到一个人堂堂正正的立身之地，不是官位，无关钱财，唯坦诚、谦恭、勤俭、知足，于家于国，勤付出，有担当。

于我，这就够了。

（作者单位：安丘市个体工商户）

让优良家风代代相传

杨秋生

　　坐落在黄土高原山西省柳林县陈家湾乡的西垣村，是我的家乡。这是一个世世代代耕田种地、靠天吃饭过日子的贫瘠的山村。村里有一千多口人，我的家族是大家族，已在此繁衍生息五百多年。尽管不断有人外迁谋生，但留下来的人口仍然占了全村人口的一大半。我杨姓族人受祖训家风的熏陶，始终保持着精忠报国、助人为乐、耕读传家、诗书继世、艰苦奋斗、廉洁奉公的优良传统。早些年族中有多人响应党的号召，参加革命活动，在解放战争、抗美援朝战争中，有的英勇牺牲，成为革命烈士；有的光荣负伤，成为对革命有功的伤残军人；更多的活跃在祖国建设的各条战线上，老实做人，扎实做事，在平凡的岗位上做出了优异的成绩。

　　我是 1963 年 11 月出生的，1978 年考入柳林县一中读高中，1980 年离开家乡考入济南军区步兵学校学习，从此也像先辈们一样走上了从军报国的道路。1983 年我军校毕业后到部队工作。1985 年 3 月随部队赴滇轮战，在一线坚守阵地一年多，圆满完成了上级交给的作战任务，受团嘉奖一次。1989 年 5 月随部队参加北京戒严。在此期间，妻子因公受伤，但由于工作忙，任务重，我没有时间回家照顾妻子。妻子也识大体、顾大局，全力支持我在部队的工作，让我专心致志的完成北京戒严任务。1989 年 10 月，在解放军总政治部、民政部、全国妇联组织的"为边海防军人妻子挂奖章"活动中，我妻子被评为"军人优秀妻子",受到解放军总政治部、民政部、全国妇联的联合表彰。

2008年,女儿高中毕业顺利考上了大学。在校期间,认真学习,积极向上,一直担任学生会干部,积极参加学校组织的各种活动,取得了不少荣誉,并于2012年光荣地加入了中国共产党。

1999年9月,我从部队转业到安丘市公安局工作,现任凌河派出所拥翠园社区警务室民警。从事公安工作以来,我一直认真学习业务知识,发挥主观能动性,创新工作方法,破解工作中遇到的难题。特别是2013年成为一名乡村社区民警以来,认真学习有关社区警务工作的内容,想方设法开展群众工作,被乡村百姓赞誉为"最美窗口警察"。因工作成绩突出,2014年3月荣立个人二等功,2014年10月被公安部表彰为"全国公安机关爱民模范",并受到习近平、李克强等党和国家领导人亲切会见。2015年2月被公安部授予"全国公安系统二级英雄模范"荣誉称号。

我在家贫的环境中长大,记事以来就吃不饱、穿不暖,全家每日为衣食住行所累,缺吃少穿,艰难度日。因此从小养成了艰苦朴素、勤俭持家的好习惯。

从参加工作到现在,最看不惯的就是浪费。无论是工作还是生活中,只要造成了浪费,不管是公家的还是自己的都感到心痛。生活上要求不高,只要能吃饱穿暖就行了。从上军校开始到现在,长年穿制服,只有几件很便宜的便服,而且一穿就是好几年,周围的同志经常跟我打趣:"老杨的警服是租来的,经常穿在身上。"

我从小是在父母和老师的鼓励中成长起来的,上课时认真听讲,认真完成作业,养成了热爱学习的好习惯。三十多年来,我不论在什么岗位工作,都认真学习有关业务知识,争取做到干一行、爱一行、钻一行、成为内行。有时一项新任务布置下来，因为从来没有干过，我就抓紧时间学习有关业务知识，向其他同志请教，在干中不断学习，不断完善。就这样，干成了一件又一件的小事，完成了一项又一项领导交给的任务。我自己很有成就感，同时也得到了领导和同志们的肯定、鼓励。

小时候，我就养成了听父母话的习惯。参加工作后，我父母对我说："该你挣的钱你要挣，不该要的钱千万别要！不要爱人家的钱，要了不该要的钱，没有好结果。"还列举了村里发生过的一些例子，所以我自从参加工作以后养成了廉洁修身、廉洁持家的好习惯。

1989 年，我结婚后，远在老家的母亲告诉我："你脾气不好，说话声音高，你要改改。古人说，人都有双重父母，所以对岳父岳母要好。人老了，很不容易，说话要和气，不要发脾气，生活上多照顾。"我都一一记在心里，并落实在日常生活中。刚结婚时，我岳父岳母郑重其事地对我说："闺女就交给你了，跟你过日子，好好待她，不能打、不能骂。"我说："好！"后来女儿也出生了，我们开始了自己的家庭生活。

2002 年公安局新家属院落成，我搬到了新家，同时把岳母也接来同住。2007 年岳母不慎摔倒，骨头受伤，从此下不了床。我妻子克服了种种困难，照顾下不了床的母亲三年多，得到亲戚和周围邻居的好评。

我参加工作后，每年拿出自己的部分收入，接济还没有解决温饱问题的父母及兄弟姐妹。1994 年，我弟弟患了强直性脊柱炎，我拿出一年的工资和其他兄妹凑钱为弟弟看病。2008 年，我父母先后去世，常年有病的弟弟靠力所能及的劳动和低保金生活。妻子对我说："弟弟尽管每年有低保，但生活肯定很拮据。你打电话问问有什么困难。"在电话里弟弟流露出钱不够花、生活紧张的意思。我和妻子商量，每年拿出一定的钱寄回家,让弟弟生活得更好些。

2014年弟弟在电话里说生了一场病不能干活了。我因工作忙回不了家,就出钱让妹妹陪他到医院医治。2015年7月,弟弟身上疼,走路不利索,要到医院检查治疗。我妹妹多次打电话让我回去。由于工作忙、任务重走不开,我就安排妹妹一家去陪弟弟看病。经医院诊断为强直性脊柱炎和股骨头坏死。虽然经过药物治疗,但弟弟的病情越来越严重,下不了床,每天的生活起居不能自理,需要人照顾。国庆节后,我请假回家,安排好伺候弟弟的事宜,留下了六千元钱,提前五天返回了工作岗位。今后,就弟弟的事,我已经做好了长期出资雇人的心理准备。

我的家庭之所以能和睦相处,得到人们的羡慕和好评,就是受到了良好祖训家风的熏陶。今后,我将坚定不移地把好家风传承下去,引导家人健康成长。

(作者单位:安丘市公安局凌河派出所)

家风正 传家远

黄翠华

我们经常说"国有国法,家有家规",无论大家、小家都要有一定的规矩。具体到每个家庭来讲,平日里父母对子女的教育就是一种家风熏陶。家风虽是无形的,但对孩子的影响却是巨大的。

在我们家,家风首先体现在孝顺上。从孩子懂事时起,我们就教育孩子,"百事孝为先,百孝顺为先"。孝敬长辈,就是什么事儿尽量让他们顺心顺意。我们也身体力行,做孩子的榜样。我们家是个大家庭,兄妹几个虽然都成了家,但陪伴父母的孝心一直未变。我离娘家最近,只要有时间,我就会回家看看老人,买些日用品,陪着他们聊聊天、散散步。一般两个周左右,最多不过一个月,我们都会有一次大的家庭聚餐,全家人吃饭的时候说说自己的工作、谈谈孩子的学习,问问父母的需求……父母看在眼里,乐在心里。一大家人和和睦睦,其乐融融的家庭氛围在我们小区里传为佳话。

孝顺的家风也传承到了儿子身上,儿子的孝心孝行,让我收获了满满的感动!前几天气温变化比较大,我的身体有些上火,总是咳嗽,夜里尤其严重。一天夜里,止不住的咳嗽让我既难受又心烦,想喝点水,但又迷迷糊糊的不愿起来,老公值班又不在家。这时候,儿子推门进来,手里小心翼翼地端着一杯水,说:"妈妈,喝点水吧,水不凉不热的,正好喝,喝点水会好些的……"原来我的咳嗽声把儿子吵醒了,儿子去给我倒来了水。看到儿子冻得哆哆嗦嗦的样子,我又感动又心疼。"儿子，赶紧去睡吧，明天还要上课呢！""没事，我等你把水喝完！"直到等我喝完水，儿子才拿着杯子离开了我的房间。儿子为我关上门的一刹那，幸福和感动的泪水已经顺着脸颊流了下来……儿子的孝心让我的心里充满着温暖，我感到儿子已经长大了！第二天，细心的儿子还上网去查治疗咳嗽小偏方，然后告诉我可以照上面的做法，试一试。一次小小的感冒，让我看到"孝"字在孩子身上的传承。

其次是感恩。我们每个人都不能孤立地生活在社会上，人的一生，成长的每一步，都需要有人指点，都会得到他人的帮助，从小父母的养育，上学老师的教诲，生活中朋友的帮助……对这些我们都要心怀感恩，同时也要教育孩子要懂得感恩。但是现在不少学生不但不体谅父母的辛劳，反而无休止索取，要钱买吃的、买穿的、进网吧等等。在他们眼中，父母给他们钱是天经地义。一些外出求学的大学生，除了要钱的时候，平时主动问候家长的次数少之又少。这些孩子从小就是家庭的中心，习惯了被父母长辈宠爱，但却不知道也不会关爱别人。我们家在平时，注意通过生活中的点点滴滴教育孩子懂得感恩。比如，父母帮孩子完成了一些事情，孩子就要说声"谢谢"；让孩子在家里要主动做力所能及的家务，并告诉他这是每个家庭成员应尽的义务；在学校要努力学习，尊敬师长，以报答老师的培育之恩等等，让懂得感恩成为我们家的家风。

再次是节俭，"成由勤俭败由奢"是一句世代流传的名言，是古代先贤对后人的警示，是留给我们的宝贵精神财富。然而，生活中，却有很多人认为勤俭是以前没有钱的时候才提倡的，现在生活条件好了，就要懂得享受。在这种错误思想的影响下，奢侈浪费被认为是有"派头"，"勤俭节约"反而成了"小气"的代名词。但在我们家，节俭的意识是一直就有的。现在我们的城市,水资源奇缺,电视上、报纸上一再呼吁,用水问题已出现危机,一定节约用水!我们家的厨房和厕所里都放着大水桶,净水机废水、洗菜水等都会被收集起来拖地、冲厕所,进行二次利用。前段时间雾霾严重,我们全家总动员尽量不开车,绿色出行,又节约,又能减少空气污染。

在我们家,优良品质的传承还有很多,诚实、善良、守信、礼让……只要有利于孩子成长的,父母就言传身教。只要是正能量的我们就共同坚持。愿我家的家风家训能世世代代传承下去,从一个家庭做起,弘扬民族精神。

(作者单位:安丘市实验小学)

好家风传承正能量

生霞

自古至今,文化家庭都讲究"家风"的传承,在泱泱数千年的华夏文明之中,随时可现,处处可寻。历史上曾经显赫长久的家族,都会有自己独特的家风、家训和家教,成为后世学习的典范。

提起岳飞,人们马上会想起他罕有其匹的军事才略,也会吟诵起他那首脍炙人口的《满江红》,更会为其一腔热血、精忠报国的凌云壮志而感奋不已。但关于岳飞治家教子,人们却知之不多。其实岳飞在军中严格约束儿子、公而忘私的事迹亦堪称典范。

岳飞 19 岁从军,32 岁担任节度使,后累军功官至太尉、少保、枢密副使,是历代公认的战神、军神。他不但运筹帷幄、战功卓著,而且自律甚严,位列武将之贵却"家无姬侍",即从不纳妾,无声色犬马之好。

据《宋史》记载,岳飞之子岳云 12 岁从军,"每战,以手握两铁椎,重八十斤"。因在战斗中所向披靡,被军士呼作"赢官人",意指只要岳云出场这仗肯定能打赢。公元 1134 年,岳飞从金军铁蹄下收复随州、邓州时,16 岁的岳云功劳理应第一,但岳飞却不给岳云报功。反倒是一年后,南宋高帝得知此事,擢升岳云为"武翼郎"。

公元 1136 年,岳飞奉命消灭了割据洞庭湖地区的军阀钟相、杨幺。此战岳云颇多斩获功劳又居第一,岳飞仍然不将儿子"先进事迹"上报。身边人由此对岳飞苛刻待子都看不下去了:"岳大帅这是为了避免自家太过荣宠啊！这样做廉洁是有了,但对岳云来说不公平啊!"

岳飞对此表示:"士卒冒矢石、立奇功,始升一级。男云遽躐崇资,何以服众?"(《宋史》原文)意思是将士们出生入死地在刀头上舔血,为国牺牲者比比皆是;岳云还小,官升得快如何服众?

这段由元朝人所修的《宋史》记载,透露出的意思仿佛是岳飞声色俱厉地对岳云说:"你既然是我儿子,就必须做出牺牲,否则就别做我儿子!"岳飞的这一做法,既是为了避嫌,有意让儿子少占军功,以免利益冲突,也是在考验、磨炼儿子,以免其滋长骄气。

可以想象,在官本位思想浓厚的古代官场,能像岳飞这样教子以严,做到治家如治军般严格的官员着实不多。正因为其严格管教,岳飞的儿子才如青云出岫一般出类拔萃,胜不骄、败不馁。这也从另一个侧面也说明,岳飞所创立的"岳家军"何以能百战百胜,名垂青史。

可能因为短暂一生中长期征战的关系,岳飞本人未有家训式文字传世。但岳飞从严教子的做法,何尝不是一种好家风的传承和体现?

曾国藩出身低微,但学识渊博、见识阔宏、文武兼备;当时的朝廷信赖他,满朝文武官员钦佩、尊敬他。他死后被谥为"文正",誉为"中兴第一名臣"。曾国藩的一生,谦虚诚实教子有方。

曾国藩在教子方面有三个方面给人启迪。

教育子孙读书的目的在于明白事理。他致力于培养孩子们读书的兴趣,注意观察他们的天赋、潜能,在此基础上再进行培养雕塑。他认为一个人只要身体好,能吟诗作文,通晓事理,就会有所作为,受到人们的尊敬。他认为当官是一阵子的事,做人是一辈子的事;官衔的大小不取决于自己,而学问的多寡则主要取决于自己。

教育子孙要艰苦朴素。曾国藩在京城时见到不少高干子弟奢侈腐化，挥霍无度，胸无点墨，目中无人。因此，他不让自己的孩子住在北京、长沙等繁华的城市，要他们住在老家。并告诫他们：饭菜不能过分丰盛；衣服不能过分华丽；门外不准挂"相府""侯府"的匾；出门要轻车简从；考试前后不能拜访考官，不能给考官写信等等。所以，他的子女因为自己的父亲是曾国藩，反而更注意自己的举止与品行，生怕因为自己的言行不够检点、学识不够渊博而损害父亲的声誉。

身教重于言教。曾国藩很重视自己的一言一行对的孩子的影响，凡要求小孩子做到的，先要求自己做到。他生活俭朴，两袖清风。传说他在吃饭遇到饭里有谷时，从来不把它一口吐在地上，而是用牙齿把谷剥开，把谷里的米吃了，再把谷壳吐掉。他要求自己的子女曾纪泽、曾纪鸿也这样。他日理万机，但一有时间，就给孩子们写信，为他们批改诗文；还常常与他们交换读书写字、修身养性的心得体会。在教育孩子的过程中，曾国藩既是父亲又是朋友；既是经师又是人师。他赢得了孩子们的尊敬和爱戴，他的孩子们都非常钦佩、崇拜他，把他视为自己的人生偶像和坐标。

良好的家风可以塑造出高尚的品格，高雅的举止，一枝独秀、鹤立于整个社会"圈子"，成为人人向往的道德典范。有着良好家风的家庭或家族，他们的子嗣极早就明白许多做人做事的道理，明白自己的责任和担当；懂得敬畏；懂得珍惜光阴，趁早好好读书；懂得创业难守业更难……良好的家风传承是社会风尚健康发展的前提。每个家庭都应构建起具有各自特色的良好家风。千千万万个家庭都这样做了，就会形成一股强大的正能量，推动社会风气向上向善。

（作者单位：安丘市实验中学）

润物无声念家风

辛董超

　　良好的家风是一本多彩鲜活的教科书。它不需要以文本的格式撰文誊写，也不必如条目细则那般整齐划一；它不需要华丽地渲染，遒劲地勾勒，却能"月穿潭底水无痕，滋润心田细无声"。时光荏苒，风吹日晒，流传的字迹或会模糊，但好家风却会如化雨春风润物无声。于工作、于生活、于学习，如影随形，伴时间流淌，愈加深刻鲜明。这正是家风的魅力所在。

　　都说父母是孩子第一任老师，家庭是孩子第一课堂，家风的魅力就显现其中。有什么样的家风，往往就有什么样的价值观、财富观，甚至影响和决定了子女的一生。有人说，现在家庭单元缩小了，"家风不再"已经成为常态。其实不然，家风不需要精雕细琢的编纂，也不要刻意揣摩的修饰。在长辈自然的举手投足间，我们已然沐浴了家风，受到了教诲，并成为传承、践行和捍卫家风的一员。

"谁言寸草心，报得三春晖"

　　姥姥出身家境殷实，两个哥哥早年参加革命，长期在济南、潍坊等地工作。为了照顾母亲和几个年幼的侄子，姥姥二十五六岁才与姥爷结婚，在当时可是"老大闺女"了。姥爷年轻时在县城法院工作，平日工作繁忙，一个月回一次家。姥姥也是大队里有名的女干部，无论是大炼钢铁，还是春耕秋收，都是一把好手。但是，为了照顾公公婆婆，姥姥放弃了县城里安排"工厂就工"的机会，带着几个年幼的孩子，从彼此熟悉、邻里相望的"娘家"搬家到了昌乐县，独自承担起照顾公婆的责任。姥姥任劳任怨，一边照顾年迈的公婆，一边抚养四个年幼的孩子，在那个"妇女能顶半边天"的时代，日常家务、赡养老人、大队里分配的农活……一样都不能落下，在外边再苦再累，回到家见到公婆始终都是笑脸。在她的心里"父母就是父母，"必须时时处处尊敬他们。在她两位老人的照顾下，怡然自乐，颐养天年。姥姥也成了远近闻名的好媳妇，到今天也时常被人当作榜样提起。

2015 年，姥姥病倒了。随着病情的恶化，原本坚强的内心也无法撑起她孱弱的病体。母亲和舅舅、姨妈虽然都已两鬓斑白，甚至手脚有些不灵便了，却都就像被动员了一样，没有丝毫的迟疑，不分昼夜，悉心照料姥姥，相互之间生怕"谁做少了"。听别人说起福建有一位能够"妙手回春"的姚医生，从未出过省的母亲毫不迟疑独自去福建求医问药。每当看到母亲大汗淋漓为姥姥熬中药的背影，我仿佛看到了昔日姥姥照顾公婆的场景。我知道，"孝敬"就是无言的家风。姥姥昔日的行动，为他们树立了榜样。

"读书之乐何处寻，数点梅花天地心"

母亲爱看书，虽然平日里生活节俭，但只要是自己喜欢的书籍，从不吝啬。从三毛笔下浩瀚缥缈的"撒哈拉沙漠"到沈从文笔下一尘不染的"边城小镇"；从汪国真笔下的"年轻的潮，年轻的思绪"到戴望舒窗外归人与过客的"雨巷"，她总能找到喧嚣世界里那份恬淡和优雅。家里满满的全是书。不同色彩的书骨，像一曲田园的赞歌，构成了我童年最熟悉、最着迷的颜色。记得小时候,每到周末,母亲都带会我去趟书店,让我在书海里徜徉。翻开一本《读者文摘》,扑面而来的书香,竟是那样清新。

因为母亲的影响,我从小养成了喜欢看书的良好习惯。记得上学前,最喜欢的一本书就是《三国演义连环画》。每张图画配着简单的文字,百读不厌。大学期间,更是迎来了买书的季节,哲学类、经济学类、管理学类、历史学类……或是在图书馆看到,或者媒体推荐,凡是自认为好书,就一定会去,记得大二曾经买到一本《休克主义》。其中专业术语繁多,我一边翻查工具书一边硬着头皮啃读。读罢收获颇多,其中严密的逻辑、丰富的论证让我倾心折服。大学毕业,父母接我回家。一箱箱打包好的书籍,似乎诉说着:这就是我的大学。上班后,考试、工作占用了大部分的时间。2016年5月,我到莱芜市参加社会工作师考试。走在陌生的城市,看着车水马龙的光景,最吸引我的却不是城市的繁华,而是躲在一角的书店。一个"书"字,全然把我吸引。身处其中,看到整齐摆放的书籍,犹如琼浆玉液般,瞬间滋润了我烈日下干涩的喉咙。捧起书,眼前呈现的竟是年幼时母亲带我流连于书店的点滴。书页开合之间,那方天地清新依旧,韵味悠长。书的世界,不只是知识的物理积累和化学嬗变,身临其境,掬水留香,与先贤神交,乐在其中。

"绿我涓滴,会它千里澄碧"

父亲是一名党员,不到二十岁就在老家入了党。后来企业扩产,招聘工人,父亲凭借在老家的良好表现,被推荐到县城就工,实现了身份的转变,也开始了一段新的人生旅程。父亲在厂里是出了名的

"业务能手"。凡是他经手的业务,一定要钻研透彻;凡是他负责的项目,一定要圆满投产。他公私分明,把公家的事看得比"自个儿家"的事重要得多。苦过累过,无论是在重要位置,还是几度边缘,都没有任何怨言和攀比。他常说,自己是一名共产党员,好好工作、不贪不占就是他入党时的初心。父亲舍小家顾大家。母亲的担子更重了,但是她很少抱怨。父亲也因为家人的支持,更无后顾之忧。生产线、销售科、基建科、劳动服务公司、建材公司……父亲几乎转遍了工厂的各个岗位,但是我们家却没有因为父亲的工作调整变得多么富裕。在他看来,吃了别人的饭,自然就会嘴软;拿了别人的东西,自然就会手软,不贪不占才能心胸坦荡。

参加工作以后,我先是在安丘市人力资源管理服务中心工作。后来,在家人的鼓励下,我通过公务员考试,来到乡镇工作,从事材料写作。写材料是个苦差事。和很多在市直部门工作的同学比起来,工作到凌晨是常态,没有周末更是家常便饭。刚开始心中难免有些抱怨,但看到父亲即将退休,却依然不辞辛劳、努力工作,我觉得我应该做一块"有用的"砖,哪里需要就往哪里搬。乡镇虽然苦一些、忙一些,但是能够直面群众,服务群众;能够有机会了解群众所思所想;能够在实践中锤炼自己的群众工作能力。也正是因为这种信念,我懂得去珍惜乡镇的生活,学会去适应忙碌的节奏。看着田间劳作的群众和金黄的庄稼,我知道,这是职责,是本分,是良心。

往事的云烟暗结于时间的陈迹,家庭的熏陶,最终凝聚成我们的性格、品格和人格。家风是无字的典籍,家风是无言的教育,家风充满着无尽的力量。十八大以来,习近平总书记多次强调家风,说的是"小家",着眼的是"大家"。作为立志"不忘初心,继续前进"的国家公务人员,我们应以"两学一做"学习教育为契机,在学习实践中,树牢"四个自信"和"四个意识",锤炼党性,端正作风,用实际行动凝聚起激情创业、砥砺奋进的社会正能量,为建设实力安丘活力安丘魅力安丘努力奋斗。

（作者单位:安丘市纪委宣传部）

家风印记

赵小梅

我的父亲是个心地善良、勤劳朴实的农村人。他虽然没有上过学，但他一言一行中体现出的朴素的做人道理却镌刻在了我的心灵深处，时刻影响着我，激励着我。

"树不盘不成材,人不学不成器"

我的家是谈不上书香门第的。父母祖辈都是面朝黄土背朝天的庄稼人，没有上过几天学，更谈不上有什么大学问。可我这些"土气"的亲人们，却是极爱书的。

小时候，我家住在一处低矮破旧的平房里，屋子里盘着火炕，炕脚摆着一个枣红色的木箱子。乳臭未干的我总是看见父亲在箱子里翻翻捡捡。我好奇地凑上去，箱子里整整齐齐地码放着一摞摞的书。有小孩子爱看的连环画，也有大人爱看的四大名著，当然也少不了庄户人必备的农业技术推广之类的科普书。父亲非常爱护书，每一本都用旧挂历包上了书皮，上面写着工整的书名，书角也压得平平整整。天气好的时候，父亲会把箱子里的书都摆到炕上晾晒。这些书新旧不一，有的纸张已经泛黄，看上去年代久远;有的是父亲新近购置的，还散发着淡淡的墨香。父亲告诉我说，他小时候家里穷，孩子又多，温饱尚且难以为继，没有钱让这么多孩子上学，但是，爷爷依旧会四处寻些书带回来给孩子们看。爷爷说，"无论穷富，都要多看看书"。父亲也一直秉承着这样的态度，倍加珍视。

父亲的木箱就是我的乐土。我在这书堆里翻看着一本本古旧的图书，看着上面的插画与认不全的字，寻找着我童年的乐趣。现在即使条件好了，网络和新媒体日渐发达，我还是会跟父亲一样，买回大堆大堆的书，闲时捧一杯茶，倍加珍惜与享受地沉浸在书的海洋里。

也许是没有上过学的缘故，父亲特别看重子女学习，笃信"书中自有黄金屋"的道理。每天清晨，父亲都要送我到村口，一直望着我走到学校大门，他才折回身；傍晚，父亲也总是站在路口等我回家。晚上，昏黄的灯下，父亲一边抽着旱烟，一边看着我写作业。每每我有懈怠的时候，父亲总是用"树不盘不成材，人不学不成器"、"各人吃饭各人饱，各人读书各人好"等等不知从哪儿学来的"至理名言"教导我。父亲常常念叨一句话："知识装在脑子里，谁也偷不走。"如果不是父亲的执着，也许长大后的我也和他一样面朝黄土背朝天在土里刨食呢。

"穿不穷，吃不穷，算计不到一世穷"

在我的记忆中，童年是在田间地头度过的。天刚蒙蒙亮，父母似乎早已经忙碌了很久，我在睡梦中被叫醒，"还不起床，太阳都晒屁股了。"父母常常是扒拉两口饭，就坐上牛车开始往地里赶。一到地头，两人就直奔庄稼，除草、打药、整枝、捉虫……不知不觉，太阳爬上了头顶上。我在树下捉蚂蚱，尽情玩耍，父母则一垄一垄地从这头到那头穿梭着，一句话也不说，就像地头上那头老黄牛，默默在耕耘着丰收的希望。

"穿不穷，吃不穷，算计不到一世穷。"这是父亲告诫子女勤俭持家的常用语。小时候生活比较困难，但在父亲的勤奋劳作下，在母亲的精心操持下，我家的日子尚能过得去。日常饮食虽然没有大鱼大肉，却也从未断粮挨饿；一家人穿得虽然破旧，可总不至于春秋露肉冬天挨冻。我和哥哥上学的费用更是从来没有拖欠过。有一次，母亲煮了一锅薄粥，外加棒槌面馒头。我嫌馒头粗糙，扔在地上。父亲默默地捡起来，掸去灰尘，大口大口地吃了下去。"不当家不知柴米贵。"父亲语重心长地说："你知道这粮食是怎么来的吗？我和你娘天天在田里劳作，不管夏天多热冬天多冷，不耕作，从哪儿来米面？一粒米，千滴汗，粒粒粮食汗珠换啊！"上课时老师讲《锄禾》，我似懂非懂。听了父亲这一席话，我才真正理解了"谁知盘中餐，粒粒皆辛苦"的含义。

父亲常说："勤俭是咱们的传家宝。"在父亲的教育下，我们家的孩子都有一个良好的习惯，就是进餐不掉饭粒，不剩碗底。

"爹娘面前能尽孝，一孝就是好儿男"

父亲十六岁就远离家乡去当了兵。那时候家里闹饥荒，奶奶的五个幼子在家饿得嗷嗷直哭。作为长子的父亲听说当兵能吃饱，还能挣津贴，背起了破旧的行囊就离开了家。父亲在远行的火车上暗暗发誓，一定要养活家里的弟弟妹妹。那时候，奶奶一家最幸福的时刻就是收到父亲从远方寄回家装满津贴的信封。父亲在南方当了十年的兵，斗大的字不识一个的他竟然自学成才，当了部队的文书，还学会了开拖拉机的技术。转业回乡的父亲凭着这两样本事，娶上了媳妇，还顺利当选了村里的党支部书记。

父亲孝敬爷爷的事我记忆最深刻。八十多岁的爷爷每到大集的时候他都会搬着小板凳端坐在家门口的土坯院墙前，双手插在袖管里,眼睛微闭,一张布满老年斑的脸是那样的宁静。他偶尔也会抬起头向西张望,嘴唇轻轻蠕动着。他期待着父亲从集市上带回他最喜爱的礼物——一根酸酸甜甜的糖葫芦。在今天看来,糖葫芦与现在品种丰富、形色各异的小吃比起来实在是单薄廉价得多,但那时候却是一种奢侈品,而且是爷爷最喜好的口味。每周一次的期待竟成了爷爷晚年最美好最幸福的生活享受。

父亲骑着那辆陈旧笨重的红旗牌自行车吱吱呀呀地从村西头来了。车把上挂着那个鼓鼓的黑色提包。爷爷远远见了,早就颤巍巍地迎上去,饱经风霜的脸顿时明朗了起来,皱纹里溢出的微笑满是甜蜜。父亲高兴地把糖葫芦递到爷爷手里,书包里还有奶奶最爱吃的香肠、爷爷喜好的烧肉。

父亲学问虽不高,但是却"知书达理"。"爹娘面前能尽孝,一孝就是好儿男;翁婆身上能尽孝,又落孝来又落贤。"父亲是这样说的,也是这样做的。爷爷奶奶在世时,父亲让他们住向阳的房间,睡温软的床铺,有好吃的总是先孝敬他们。他们生了病,父亲送他们去看医生,端茶递药,侍奉病榻。"做人不能丧良心","人要走得正、行得正,脚正不怕鞋歪","人敬我一尺,我敬人一丈"。这是父亲教导我们做人的"金玉良言"。当我遭受困厄遇到坎坷时,父亲总会鼓励我说,"只有不快的斧,没有劈不开的柴"。这朴实的话语给我信心和勇气。当我取得小成功而骄傲时,耳边就响起父亲"火要空心,人要虚心"的警告。

现在看来,父亲的这些道理虽然很俗很平常,但却是多么难能可贵。法国著名作家罗兰曾说过:"生命不是一个可以孤立成长的个体。它一面成长,一面收集沿途的繁花茂叶。"家是我们成长的第一空间,父亲的这些朴素箴言在我的身上处处烙下了家风的印记。

(作者单位:安丘市兴安街道办事处)

身教无言重千钧

王瑞伟

如果将家庭教育看作是生活之海上的一座巨大冰川,那么隐于水下的三分之二部分是父母的日常行为引导,而父母的言语教育只是露出水面的那三分之一而已。虽然我的父母目不识丁,但他们却用最朴素抑或是最原始的方式积淀起了最有价值和影响力的家风家训。身教无言重千钧。

故事一:重学轻利

不识字的父母,对文化充满了敬畏。上世纪八九十年代,家中的农活比较多,但为了不影响我学习,节假日父母从来不让我下地。他们的日夜劳作和疲惫身影,成了我学习上的压力和动力。至今难以忘怀,我第一次高考失利。面对父母无语的眼神,望着他们因劳累而更加佝偻的腰背,我内心充满了自责与痛苦。

当时,正是乡镇企业大发展阶段。村办企业的一名领导亲自上门劝说父亲:"现在我们急需有文化的年轻人,就让孩子到这里上班吧,只要有本事,不上大学,一样可以多赚钱!""俺不去,俺就想让孩子上大学!钱再多,没文化,一样没出息!"父亲拒绝得直截了当。

怀揣着自己的梦想,肩负着父母的期望,经过一年拼搏,我终于考取了一所师范学院。那段时间,父母整天孩子般乐得合不拢嘴。在他们眼里,我成了改变家庭命运的第一个人。父母用行动表达出的对文化和知识的敬畏深深地影响了我。毕业后,我成为一名教师,因为父母的影响,我更能深深体会到为人父母对儿女的期许。这份期许更加坚定了我以文育人的决心。从教二十四年来,我整个身心都扑在了教育工作上,而且深深享受着这份能够帮助学生、帮助家庭改变命运的工作。多年来,我先后在《人民日报》《大众日报》《潍坊日报》《微篇小说》《作家文苑》等多家报刊发表各类稿件200多篇,由我主持或参与的科研课题和教学成果也多次获山东省教育厅奖励,我所教的班级成绩一直名列前茅。

故事二：宽容向善

在外人眼里,父亲是老实人,而在我心里他是一个伟大的宽容者。上大学期间,我家在承包地里种了两亩葡萄。秋后,丰收在望时,村里的养鸡大户因扩大规模要占用这块土地。眼看就能卖成钱的东西,父母舍不得糟蹋。不料,养鸡大户雇用压路机和推土机趁着夜色损毁了整片葡萄园。这件事直到一个月后我才知道,我怒不可遏想去论理。"唉,有钱没文化的人就是这样做事的,咱用不着跟他生气,再说人家最后也给了咱们补偿金了呀！"父亲劝我："心宽才能做大事。"

正是父母用行动教会了我如何做人,所以离家求学做事三十多年来,我从来没有给父母惹过任何麻烦。工作中,我总是尽心尽力帮助他人。我曾多次主动邀约多位同事参与我主持且执笔的研究课题,在工作过程中,努力分享经验,群策群力,确保研究取得预期效果。获奖后,他们也凭着这些"硬件",顺利地晋升高级职称。君子当成人之美。当然要做到这一点,首先要有一颗宽容大度的心。父母的行动引导,让我有幸拥有了"君子情怀",而这恰是金钱无法买到的。

故事三:顾全大局

父母七十多岁时,仍然以种菜为生。前几年,村里打算盖安置楼,父母一亩多地的口粮田恰在规划的楼盘内。这时,就有好多人劝父母,说这是难得的好机会,可以趁此多要钱。然而,父母却说:"我们年龄大了,正好孩子们也不让我们干了。给老少爷们儿盖楼是好事,咱们怎么能因个人私利而误了村里的大事呢。再说了,国家本身就给种粮补贴,这我们就很满足了!"两位目不识丁且已年近八旬的老人在物欲横流的今天却能够如此深明大义,这让我和村委的一班人油然而生敬意!亲爱的父母再次用行动教育了我——做人做事要顾全大局!

身教无言重千钧!对孩子来讲,父母的正确行动其实就是最有价值的家风家训!

(作者单位:安丘市职业中专)

愿优良的家风代代相传

赵连利

"治家严,家乃和,居乡恕,乡乃睦。"在我们中华民族五千年的历史长河中,有许许多多这样优秀的传统规范,像一颗颗璀璨的明珠闪烁着耀眼的光芒。从五代十国时候章仔钧的《章氏家训》到三国时期诸葛亮的《诫子书》,从宋代袁采的《袁氏世范》,再到清代朱伯庐的《朱子家训》,都可谓脍炙人口的经典名篇。

"苟利国家生死以,岂因祸福趋避之",让我知道了责任与担当;"一粥一饭当思来之不易,半丝半缕恒念物力维艰"让我懂得了勤俭和节约。有些家风、家训是用文字流传下来的,也有很多家风是在日常生活中潜移默化、悄然传承的。我家的家风就属于后者。小时候,由于父母都忙,我大半的时间都是和爷爷奶奶在一起生活。从记事儿起,他们就一直教导我要努力学习、勤俭节约、尊敬长辈等。这也就是我家的优良家风"勤奋"、"节俭"和"孝顺"。

勤奋,也是大多数中国人的优秀品格。我的父母今年六十多岁了,如果是在城里,这个年龄的老人大多都是在家下下棋、喝喝茶、看看电视享受含饴弄孙的休闲时光了。而我的父母却一直在乡下的老家辛苦劳作着,每天早上六点准时起床去地里,干一会儿农活后再回家做饭吃,几乎天天如此、风雨无阻。见他们这么劳累总想把他们接来城里享享福,可他们待不了几天就要回去,嘴上是说城里住不惯,其实我知道他们是勤劳惯了,放心不下家里的农活。他们是这样做的,也这样要求我和弟弟妹妹的。我们从小就跟着他们去地里干活儿、割麦子、收玉米、除草,都少不了我和弟弟妹妹的身影。上学后,放学回家还要先去村头小河边打一篮猪草回来才能写作业吃饭。直到现在我都有了自己的家庭了,这种勤劳的传统还一直保留着。每天我都是最早一个到单位,开门,提水,打扫卫生,安排一天的工作……其实这些事我完全可以安排别人去做,可从小受家风的影响,我把这些都当成了习惯,也不想让自己的心态过早的衰老。

节俭,也是我们祖辈们共同的优良品德。从小父母就教育我们什么事儿都要节俭,不能剩饭、不乱花钱、不能铺张浪费。祖辈们也一直用身体力行无声告诫影响着我们:爸爸从来不让我们给他买衣服,他的衣服鞋子都是穿我和弟弟穿过的,唯一买的中山装都是留着过年时拿出来穿,十多年了还不舍得换。妈妈每次都是最后一个吃完饭,不为别的,就是怕我们把剩下的饭菜倒掉,到现在还盖着他们结婚时的被子,这都快40年了。到现在爷爷奶奶都过世好多年了,家里还保留着他们用过的橱、桌、柜子等老式家具。我和弟弟笑说:"再过几年都能捐给博物馆了"。上学时,写作业的本子都要求我们正面用完了用反面,橡皮都用到根了还不舍得扔。现在家里冲厕所的水都是用洗菜、洗脸水收集起来二次利用的。虽说这也节省不了几个钱,但在我家都养成习惯了。

孝敬,就更为我们所推崇了。古有"二十四孝图",今有"安丘好人榜"。从小,父母就教导我们要尊老爱幼、孝敬长辈,他们常说的一句话就是:"孝顺,孝顺,没有顺哪来的孝?对长辈要顺从,不能惹他们生气。"父母对爷爷奶奶一直都很孝顺,一家人其乐融融,从没吵过架、拌过嘴。我从小受他们熏陶,对父母也非常顺从。他们都为儿女劳累一辈子了,到了晚年,做儿女不能给予他们锦衣玉食,但可以给予他们一份安然与快乐。以后我还要把这种孝风传给我的孩子,让这些优良的品格代代相传。

现在,社会上对传统文化越来越重视了。良好的家风、家训也是传统文化里很重要的组成部分。让我们都从自身做起培养良好的家风,传递社会正能量,愿"勤奋,节俭,孝道"等这些优良品质能世代相传,遍地开花,助力"伟大中国梦"的实现。

(作者单位:安丘市青华电线电缆销售处)

正直做人 厚道做事

裴华文

　　"正直做人，厚道做事"，这是我永志不忘的家训。多年来，我始终坚持把良好家风的坚持与传承，融入工作、学习以及教育下一代的过程中。在此，我愿意与大家分享有关家风传承的点滴。

　　"穷则独善其身，达则兼济天下"。很早我就知道，我们裴氏，历史上仅宰相就出过 59 个。这主要得益于家族的良好风气："重教守训，崇文尚武，德业并举，廉洁自律。"北魏骠骑大将军裴侠朴素节俭。有同僚奉劝他何必这般清苦时，他的回答是："清廉是做官本分，节俭是立身基础。我清廉自守，并非猎取美名，意在修身自重，唯恐辱没祖先啊。"唐肃宗时尚书右丞、吏部侍郎裴遵庆恭俭克己，刚正不阿，为皇帝倚重。有被举荐者来致谢，他自视以为耻。唐代裴行俭生于官宦世家，朝廷因他父亲有功，照顾他在弘文馆补了一个"空缺"，也就是入仕的预科班。但他却婉拒，执意通过自己努力考取功名，最终成为一代廉官能吏。

　　"忠厚传家远，诗书继世长"，横批"耕读人家"。这是爷爷在世时为村里写得最多的一副对联。在我们家的教子模式中，与身心健康和良好品德相比，学习并非排第一位！因为，我的长辈们认为：如果一个人身体和品格好了，即使不成大器至少能成为一个自食其力、与人为善的人。相反，如果品行不好，只知道唯利是图，甚至违法乱纪，即使成绩再出色，才华再横溢，也是于国于家无益。我家在村里享有很高的威信,在邻里之间拥有很好的口碑。我自觉有责任把家庭的美德传承下去,因此十分注意从言传身教中影响和带动儿子正直做人,厚道做事,文明言行,助人为乐。当然,我也重视孩子的学习。每次孩子考试后,无论成绩孬好,我都能心平气和,正确对待结果,认真帮孩子分析得失。同时让他明白,一个没有知识的人再远大的理想也是空想,以此增强他学习的主动性。而我自己以身作则,坚持自觉读书学习。英语专业的我,每年都有文字见诸报端。小到安丘本地的报刊,大至"人民日报",前年更是将10万字的散文随笔结集出版,去年初又有12万字的地震科普专著问世。我相信在孩子眼里,每天捧着书报入睡的父母,就是诗书继世的楷模。

"不要盲目的跟人攀比",这是父亲一再告诫我的人生准则,也是我时时向儿子传输的理念。在学习上,跟父亲一样,我不是像一些家长那样不断督促孩子"考个好的名次""努力去超越前面的人",而是要求孩子尽力学习掌握知识,"付出必有回报"。在生活中,我也尽量不拿孩子与别人比,说些"你看谁家孩子学习好呀、多懂事啊"之类的话,而是给孩子提出要求,做他自己应该做的。有一次,儿子考试不理想,对我说同桌考得也很烂。我先对他这种很想得开的乐观心态给予充分肯定,同时严肃指出其错误所在,就是不该为失败和落后找借口,尤其不应该和别人比落后。这并非说我没有要求和底线,我只是想让儿子明白,做人做事不应争强好胜,但和自己比要用心尽力。幸福跟名次无关,更与别人无关,重要的是,不要在与别人的比较中,把幸福比丢了。

"多替别人想想。""奶奶抱着你,咱俩人都暖和。你帮了别人,别人就帮你。"类似的话小时候经常听奶奶念叨。奶奶一生养育四双儿女,八个孩子,吃饭穿衣都是难题,这可想而知。可即使日子再拮据,家里来了要饭的,奶奶也还是非常的慷慨。有一年六月初六,刚用新麦面蒸馒头敬完天,要饭的就上门了,而且是两个人。奶奶立马从盖垫上拿起一个馒头掰开分给他们。没多久,又有人敲门,奶奶一看还是那俩人,微笑着问道:"您这是没吃够吗?看看我那不下地的妮子都只分一小块儿呢。""大娘,我吃饱了。您看这是您的被面吧?刚才让风刮地上飘远了。"我将这事讲与儿子听,让他说说道理。儿子总结说这是善果相报。现在,外出碰到行乞的,儿子总会送上自己的零花钱;到市场买东西,若是他妈妈跟人讲价太狠,他也会悄悄地让妈妈想想人家做生意的难处,别太计较。

"自己的事情自己做,娘不会伺候你一辈子。"这是母亲教会我的道理。乡下的孩子,升入高中就开始住校,独自打理自己的生活。现在,我的儿子虽小,也能够力所能及地干些家务,比如洗鞋袜、做简单的饭菜。实话讲,我的厨艺很拙劣,自己最拿手的菜是在锅底放上葱花姜末和肥肉片,倒上花生油和酱油,把撕碎的大白菜一股脑儿放进锅里撒上盐炖熟。但足以赢得赞誉:"爸爸炒的白菜比妈妈炒的好吃。"我知道这是儿子对我的鼓励。有时他妈不在家,我都会拉上儿子一起进厨房,甚至故意示弱,哄儿子炒个大餐犒赏一下老爸。当然我亦有我所长,我是儿子眼里的修理家。家里的电器、用具什么的坏了简单维修一下,对于我来说都是小菜一碟。

"勤俭不丢人"。对于勤俭节约是美德,我个人的理解很深刻——因为小时候穷过。打孩子很小时起,我就十分注意这方面的引导。孩子节约用水了给表扬,随手关灯了表扬,用洗脚水洗袜子表扬……儿子在表扬肯定中养成了节俭好习惯。北京申奥成功后提出了办绿色奥运的口号,我觉得这是一个提升儿子勤俭节约和环保意识的好机会。于是,我开始引导儿子对全家的垃圾进行分类处理。我把家里的储藏室腾出一个角落,在角落里依次放置了5个蛇皮袋,分别盛装塑料袋、塑料桶、废纸、旧纸箱、易拉罐等。后来我让他全权负责全家垃圾分装整理,卖掉废品换回的钱款作为环保奖由他个人支配。于是,周末的时候,蹬个三轮车把分理出来的有用垃圾运到废品收购站成了儿子最快乐的事情之一。在我的鼓励下,儿子还积极发动同学加入垃圾分装处理的行列,并在他们班级和学校先后成立起垃圾分装课外活动小组。至今,他们班里的矿泉水瓶和废纸都是由儿子和另外两个同学负责出售,卖废品的钱都作为班费积攒下来。期间,我们还踊跃参加了市妇联组织的"十万家庭节能减排、绿色环保节约行动"和"大手牵小手"节能减排家庭社区行动,并倡议"从现在做起、从我做起",让大家养成分类处理垃圾的好习惯。我的家庭因此被山东省妇联表彰为"节能减排示范家庭"和"山东省五好文明家庭"。

在人心浮躁的当下,我们被流行追撵着,被潮流推搡着,会常常迷失自我。作为上有老下有小的家庭主心骨和单位的顶梁柱,我们该时时提醒自己,所谓的私利、官衔和荣誉,与阳光、健康、善良和美德相比,又算得了什么?想想健康的身体、扬在脸上的自信、长在心底的善良、融进血里的骨气、刻进生命的坚强……这些东西那是多么弥足珍贵!让我们从现在开始,放下贪婪自私、放下追名逐利,试着去找回那些老祖宗给我们留下的、最重要最珍贵的东西,努力去传承中华民族的传统美德,发扬良好家风,找回生命本真,像那挺拔高洁的松树一样,迎着灿烂的阳光,舒展我们的笑容!

(作者单位:安丘市地震局)

懂得勤俭 本分做人

陈少华

言及我的家风,我常常陷入深思,我的家风是什么? 我的脑子里会蹦出很多词语:读书、节俭、本分、勤勉等等。从我记事起,也没有现成的词汇来总结家风,如果非要加以提炼,我感觉"懂得节俭,本分做人"作为我的家风还是很恰当的。

记得小时候,奶奶经常跟我说做人的道理,比如做一个实实在在的人,踏踏实实地干事;无论贫穷或者富有,都要好好做人;要节约,要尊重人等等。从小听到大,自然也耳濡目染了些。印象中,奶奶也是按照她自己所说的做人道理来处事的。

奶奶的节俭是村里出了名的。每年小麦收割结束,总会有或多或少的麦穗落在地里。每到这时,奶奶总会喊着我和妹妹,一人拿着一个麻袋,从地的一头开始,弯腰拾麦穗。儿时喜欢玩,刚开始觉得挺好玩的,我和妹妹捡拾得也很仔细。等到兴致头儿过了,就觉得没啥意思了,我便开始和妹妹偷懒耍滑起来。奶奶这时候会靠过来,语重心长地告诉我们俩:"要好好地捡拾,别小瞧了这点麦子,我以前还吃不上这样的麦子呢。现在生活好了,也不能忘本,更不能不节俭,要懂得节约。"奶奶是挨过饿的人,她知道粮食的重要,她知道每一个麦穗、每一粒麦子都浸透着千万滴汗水。在奶奶的感染下,我和妹妹也慢慢意识到了节约的重要,认真捡拾起来。奶奶满意地笑了。直至现在,我还保持着节俭的习惯。这是奶奶留给我的精神财富。

除了节俭,奶奶还是一个非常勤快的人。在我印象中,奶奶没有睡过一次懒觉。早上天不亮就起来做饭,然后收拾房间,再去地里干农活。据奶奶说,她年轻时是个整劳力,能顶一个庄稼汉,有时在地里一干就是一天。现在奶奶老了,可还是闲不住,拾掇拾掇这,收拾收拾那,天气好的时候,还要去地里干点农活。她总会说,趁能干得动,多干点,人要活动,不能老在家呆着。在地里活动下心里舒坦。勤快的习惯,让奶奶有一个很棒的身体,现在83岁高龄了,依然能够自己做饭,收拾家务。

说起读书来,我和妹妹爱读书的习惯可以说深受母亲影响。我的姥爷博学多才,写一手好字。农闲的时候还组织过村里的秧歌队。母亲小的时候,就跟着姥爷写字、画画。当我母亲生了我和妹妹之后,就把自己全部的精力都投入到我俩身上。她时时刻刻教育我们,要好好学习。每当我俩放学回来,母亲都会问我们今天学到了什么,然后看着我俩写作业。等我们吃完饭的时候,她还会给我们讲很多有关人生哲理的小故事。从幼儿园直到小学、初中,我和妹妹的学习习惯一直保持得很好。在母亲的教育引导下,我俩都顺利考入大学。

母亲不仅重视文化学习,还教会了我诚实、本分。有一次,我在放学路上捡到一个钱包。依稀记得里面还有几张两块、五块、十块的钱。那时候,在我眼中那就是一笔巨款。我满心欢喜地把包交给了母亲,并告诉她我是怎样捡到钱包的。本想让母亲表扬一番,没想到被母亲训了一顿。她严厉地对我说:"捡到东西为什么不交到学校去?你立马交到学校,回来我再跟你说!"我只好饿着肚子,带着钱包飞奔回学校,交到了办公室。回家后,母亲语重心长地告诉我:"孩子,这是你捡的,不是你自己劳动赚的。这样的钱咱不能要。你要想想丢了钱的人会有多着急啊。"这件事在我儿时的心灵里刻下了深深的印记。

有一次，我跟妈妈去赶集。集市上人多也热闹，有小孩拿着玩具跑着玩的，也有老人拄着拐杖蹒跚走路的。我和妈妈俩人在集市上买了不少东西往回走。途中看见一个老奶奶用手推着三轮车赶路。三轮车上载着不少东西，前面又遇上陡坡，老人用手拽着三轮车往上走，显得非常吃力。这时妈妈提醒我："你看，前面这位老人需要帮助了，你是不是该帮帮她？"我兴冲冲地跑过去，帮老奶奶推三轮车，一直帮她推上陡坡。赠人玫瑰，手有余香。虽然我满身是汗，却体会到了帮助他人的快乐。

时至今日，无论走到哪里，工作在哪个岗位上，我始终记得奶奶和母亲的教诲，做一个勤俭的人，做一个诚实的人，做一个乐于助人的人。

（作者单位：安丘市官庄镇中学）

家风故事

刘文青

家风是一个家庭的风气、风格与风尚，是家中前辈给后人树立的价值准则。良好的家风形成不是靠简单的说教，而是靠言行的引领。从小读司马光为其子写的《训俭示康》，使我获益匪浅。我家虽是一个寻常人家，但是我的长辈打我小时候起就教给我做人做事的道理，让我懂得什么该做什么不该做，直到现在我还在用这些家风家训监督自己。在这里分享我家的几则家风故事，以期共勉。

成由勤俭败由奢

"粒米虽小君莫扔，勤俭节约留美名。"这是大字不识一个的曾祖母告诉我的。我们家称爷爷的母亲也就是曾祖母为"老嬷嬷"。老嬷嬷经历过的饥荒年代，我们几乎无法想象。每当提起这些事，老嬷嬷的眼角上都会挂起泪珠。那时候食物限量供应，最低生活标准都无法得到保障。生产队组织劳力在生产劳作之余，去上山摘野果、采野菜和剥树皮，这些东西采来后，简单处理一下，就掺和一点少得可怜的米煮成稀粥，供大家填肚子。人们因饥饿而浮肿，行动迟缓，眼睛无神，看起来白白胖胖的，但皮肤按下去就是一个深深的坑，很久都无法消失。老嬷嬷省下口粮，而她自己每天晚上都被饥饿感折磨得无法平躺着睡觉，必须侧着身子才能入睡。为的是让几个孩子多吃一口。老嬷嬷讲到最后,总是抹着眼泪搂住我,长叹一声:"忍饿啊,了不得!"

从小到大,老嬷嬷总是要求我将碗里的饭吃光,粒米都不能剩。老嬷嬷教给我关于吃饭的规矩还有很多。例如不能倚着门框吃饭,不能将筷子插在饭上,不能吃到中途换个位置再吃等等。我想,这些吃饭的规矩,不仅是长辈流传下来的好习惯,更是老嬷嬷作为一个从饥荒年代走过来的人,对于饭食的敬畏于感恩。

君子莫大乎与人为善

小时候爷爷教我读《孟子》,读到"取诸人以为善,是与人为善者也。故君子莫大乎与人为善"时,爷爷对我说:"姑娘,你记住,赠人玫瑰,手有余香。"

那年冬天,天特别冷。我和爷爷去超市买东西,看到超市门口跪着一位老人,在寒风中瑟瑟发抖。老人面前摆着一个搪瓷碗,偶尔有人向碗里放几毛钱,老人不住地道谢。爷爷走上前,掏出崭新的五十元钱放在碗里。老人诧异地抬起头,随即感激地频频磕头。爷爷扶住老人,连说:"不用客气!"他还到给老人买了两个热气腾腾的大包子。回家的路上,我跟爷爷说:"现在乞丐多半是装的,挣的钱比上班族还要多呢!爷爷您没听说过要饭的家里盖起两层小楼吗……"我还要继续说,爷爷却温和地打断我:"如果不是走投无路,他不会在冷风中长跪不起。姑娘,我平时怎么教育你的?记住,赠人玫瑰,手有余香,施比受更有福。"那一刻的羞愧,让我至今记忆犹新。如今,爷爷的谆谆教诲犹在耳旁。与人交往,我学会了多一点谅解、宽容和理解,少一点刁蛮、苛求与责难。能够帮助别人摆脱困境,这是怎样一种愉悦的感觉啊！与人为善，自己路宽。做到这点，与人交往就没有了独木桥，大家都可以在阳关大道上阔步前进。

随心所欲不逾矩

父亲常说，正直的最高境界就是做到"随心所欲不逾矩"，个人的自由要建立在遵守规矩的基础上。

小时候我很淘气。有一次，我和小伙伴一言不合起了冲突，事后觉得咽不下这口气，悄悄把她家自行车放了气。回家告诉妈妈，妈妈火冒三丈，拎着我到小伙伴家道歉。回家的路上我委屈得直哭。妈妈牵起我的手说："做事要正派，堂堂正正。品行端正，做人才有底气，做事才会硬气。"

大学毕业后，我通过公务员考试，成为一名乡镇工作人员。报到的前一天晚上，父亲把我叫到书房，语重心长地对我说："做人要直，做事要正。罗兰有一句话，'能保有着高贵与正直，即使在财富地位上没有大收获，内心也是快乐和满足的'。你走上从政这条路，更应该深刻领会这句话，严守底线，坚决不能犯思想上的错误。常说随心所欲不逾矩，如何才能做到呢？要时刻严于律己、自警自醒，让清正廉洁成为习惯。"

小时候的一句"正直做人"已经延伸到"清正廉洁"，这不只是简简单单的四个字的改变，里面包含了父亲的谆谆教诲和殷切期望。我将谨记家人教诲，怀着一腔热血上路，走好光明绚烂的人生。

（作者单位：金冢子镇党委）

家风印象

于立梅

好的家风,是推动社会文明进步的正能量。自小出身寒门,我家"善、孝、俭、信"的四字家风让我刻骨铭心。今天,在记忆的浪潮中,捡拾起几粒珍珠,那就是我的家风故事……

以善良待人

我家在大山深处,过着日出而作日落而息的农家生活。虽然清苦,却也平静安逸。

记忆中我父亲老说的一句话就是,"作为一个人,一定对人善良,人家才会以善良对待我们"。他用他自己的言行践行了这句话。每当农忙过后,父亲就在大门口摆上个茶水摊,有从家门口经过的口渴的人,父亲都招呼他们过来喝茶。母亲有时为此呵斥他,家里哪有那么多的茶叶?那时候家里穷,连泡茶喝都近乎是一种奢侈。听了母亲的埋怨,父亲依旧笑眯眯的,从不反驳。来村里的小商小贩总会和父亲喝水、聊天。喝完水,说完话,父亲总是目送他们远去。父亲有时候也会和母亲说,他们不容易。也许父亲的这种小善良收不到什么大回报,但是却在我的脑海里留下了深刻的印象,促使我在以后为人处事的时候不自觉地想起生活中的点点滴滴。它时刻提醒我要善待他人。我想,这也许就是家风潜移默化的感染力吧。

以忠孝传家

小时候,家里很穷。记忆中连温饱问题都解决不了,更不用说冬天能穿上一件新棉袄了。但在我的家里,每年父母总是挪出家中积蓄给奶奶买新衣服,而其他的家庭成员都穿多年的旧衣。

奶奶年纪大了,冬天受不了严寒的折磨,动不动就感冒。父亲和母亲商议,省吃俭用给奶奶买新棉花,做新棉袄。一次,我跟随母亲去给奶奶送新棉袄,奶奶接过棉袄时那惊讶的表情、老泪纵横的模样……至今深深地印在我的脑海里。

父母经常说,"百善孝为先"。是的,父母的孝顺在我们村里是很出名的。父亲兄弟姐妹八个,可奶奶最愿住在我们家里。父母宁愿自己的孩子饿着,冻着,也绝不饿着冻着奶奶。不用讲很多大道理,父母的身体力行在告诉我们:孝,首先要爱老人。

以勤俭度日

"勤俭持家",这是每年过年我家大门上春联的内容。穷日子的时候靠勤俭度过最难过的时光。但是生活条件好了,父母也是勤俭节约过日子。我记得小的时候,家里面的大镜子边上永远插着一张小日历纸片,上面密密麻麻的写着:酱油、醋、米面等多少钱。那是父亲的记账单,因为那时家里的收入太少。

说到勤俭节约,还有好多故事可以写。后来生活条件改善了,可母亲改不掉勤俭节约的习惯。一件衣服破了,她总是缝缝补补再穿,一直到破得不成样子为止。我劝母亲不要缝补了,母亲常说,"能穿就穿"。勤俭过日子是庄户人的本分。这个本分母亲多年坚守，一点没变。

父母的光荣传统一直延续到现在。我们姐弟几个成年后，家里的日子更宽裕了。但父母勤俭持家的习惯却没有因为经济条件优越而改变。用父亲的话说，就是过日子要勤俭持家。他们攒的每一笔钱都是从牙缝儿里一点一点儿省出来的。我觉得，它的含金量胜过世上的金银财宝！

以诚信处事

"做人要讲信用"是父亲经常挂在嘴边的一句话。邻居有什么困难，找到父亲，只要他答应了，就一定想方设法做到。反之，做不到的事，他也绝不答应。记忆最深的一次，父亲答应帮助一位本家叔叔耕地。但是到了约定的那一天，我们自己家里也有好几件事情急需父亲去做。但是父亲说，已经答应了人家，不能言而无信。自己家的事情可以暂缓一下，就不顾母亲的阻拦，先和我叔叔忙活。

印象中还有一件事，值得一提。记得那是上初中的时候，我在集市上看中一件上衣，特别喜欢。小姑娘嘛，爱美。可是心里知道，依自己家的条件，是买不起这么好看的衣服的。但仍抱着希望回家和父母说了。父亲听后对我说：如果你考试成绩进步很大的名次，就给你买。我对父亲的话半信半疑，却也暗暗努力，拼命地学习，最终考试的时候就真的进步了很多。父亲很高兴。在某一天放学回家的时候，我就看到了我喜欢的那件花衣服。父亲说：你答应父母的事情你做到了，那么父母答应你的事情也一定做到。那一刻，我欣喜若狂！同时，也带着几分心酸，几分感动，知道父母肯定又是节衣缩食省出了钱。这份心酸感动连同对父亲遵守承诺的敬重一并留在了我的记忆里,至今刻骨铭心。

关于我的家风故事,真的几天几夜也说不完。每当回忆起那些珍贵的往事,我总是怀着对父母最崇高的敬意。我的父母,是中国社会最底层的劳动人民,生活的磨难练就了他们最朴素的思想。他们过着最清苦的日子,却坚守着内心最纯洁的感情。这些在长久的日子里积累下来的好家风在无形中影响了我们几个兄弟姐妹。这就是来自家庭的最好的教养。家风如春雨,润物细无声。没有什么文化的父母凭着做人的最基本的良心教会了我们这些美好的东西,让我们一辈子受用无穷。

我会永远铭记这些待人处事的原则,让我们家的良好家风世代传扬。

(作者单位:安丘市第二中学)

的物件,总是一直用着,绝不会浪费扔掉。记得我很小的时候,家中有一个捣蒜用的石臼,听奶奶说已经用了很久了,大概在我爷爷的爷爷那辈就有了。臼底已捣得很薄,但还一直用着,未曾换一个新的。直到有一次,我在捣盐巴的过程中将底捣破了,爷爷才又买了一个新的。

"对可用之物,要派上它的用场,绝不能浪费。"这是爷爷在世时经常跟家人说的一句话。记得我上小学二年级的时候,用的练习本都是从供销社花 5 分钱买一张大窗户纸自己制作的,买来的窗户纸先叠好,再用刀子割开,然后用线缝起来用。白纸很珍贵,没写字的纸是绝不能浪费的。有一次,我用一张本子纸叠纸飞机玩。因本子上做的题目不能撕,我撕了一张没有写字的白纸。被爷爷看见了,他先叫住了我,随后找出我以前用完的本子,用写满字的纸给我做了两架纸飞机。然后将我那张没写字的纸伸展开来,抹平了,跟我说:"这么好张纸,还能算不少题呢,别浪费了!"这在我幼小的心灵中刻下了深深的印记。自此,我养成了勤俭节约的好习惯,并用这些习惯影响自己的孩子。在我的带动下,两个孩子也养成了注重节约的好习惯,晚上外出做到人走灯关,洗手洗脸都用脸盆接了水再用。现在还上幼儿园大班的儿子用小本子,总是很自觉地正反两面都用完了再换新的。

"人无信而不立"。讲究诚信,是我家祖祖辈辈遵循的做人原则。凡是答应别人的事情,就一定做到。倘若实在做不到,就一定要跟人家解释清楚。小时候,爷爷就跟我讲,讲究信誉,关系着一个人一生的发展,对人有很大的帮助。他常给我讲"诸葛亮七擒孟获"的故事,说诸葛亮讲究信誉感化了孟获,从而化敌为友。是信誉帮助诸葛亮收复了蛮荒之地。虽然当时我理解得还不很深刻,但我明白,这

心系感恩话家风

王春娇

家风是一片竹简，刻着岁月的诗歌，透过时光隐隐飘来阵阵书香；家风是一支毛笔，书写着生活的柴米油盐，累积着日常的每笔花销；家风是一面铜镜，映照着曾经的成败得失，穿破岁月重帷指导今天的生活。

在儿时的记忆中，我一直伴随着读书和写作长大。妈妈给了我无穷的想象力。犹记得儿时妈妈指着天上的星星给我编童谣，告诉我它在眨眼睛；指着路边的大树说，风娃娃来的时候，大树就会向路边的行人挥手；小鸟儿叽叽喳喳地栖息在树干上，正在用树干当话筒给爸爸妈妈打电话。而爸爸总是安静地坐在书桌前看书，然后跟我讲述书里的世界。耳濡目染，不论闲暇或忙碌，我总会坐在书桌前，写写生活的感悟和生活的故事，也会翻开一本本书，走进去，读史，读词，读人物传记……让我感受到平静和愉悦，学会了自信和坚忍。

从小到大，无论日子艰难或者富裕，父母一如既往地节俭。每一管牙膏快用完的时候，妈妈就剪开，把剩下的用牙刷抹出来用；剩下的饭菜即使热了好多次，我们也会吃下去。爸爸每套衣服都会穿很多年，皮鞋也是补了又补。新上市的衣服一般比较贵，妈妈总是从商场里买换季处理的衣服。这样的日子让我觉得踏实，舒服，一点点冲淡了我的虚荣心，越来越多地感受到平淡生活的快乐。每每有好吃的，父母就会给爷爷奶奶送去，给我留一点，自己却很少吃。偶尔炖排骨，都会一顿一顿煮了又煮，直到煮成清汤。妈妈常说，日子是一点一点地过出来的，咱们可不能浪费。家里的废纸，再小爸爸都会收起来，攒起来卖给废品商。一支圆珠笔管能用好多年，每次笔芯用完换上新的，又接着用。妈妈还教我把笔芯外面卷几层纸，这样就不用买笔套了。这些点点滴滴的小事让我觉得很安心，很欢喜。

　　从刚记事起，爷爷奶奶对我的慈爱和父母对爷爷奶奶的孝顺就深深地印在我心里。是爷爷奶奶把我从小看大的，所以感情尤为深厚。我最喜欢和爷爷翻棉单，和奶奶下跳棋。午饭后奶奶牵着我的手去村子里的亲戚家串门，傍晚太阳快落山的时候，奶奶就回家做饭。因此，我特别喜欢闻冉冉升起的炊烟的味道，喜欢围着锅台绕来绕去。奶奶手特别巧，会给我煎像纸一样薄的蛋饼。她用纱布蘸一点豆油在热好的锅里抹一圈，把搅拌均匀的蛋液倒进锅里一勺，迅速把锅转几下，菲薄的蛋饼就做好了。拿出来放在盘子里，撒上椒盐就成了可口的美味。每次都是奶奶一边做我一边吃，不一会儿就把小肚子撑得鼓鼓的。奶奶特别喜欢包饺子。我就负责剁馅，总是剁得到处都是，奶奶就笑眯眯地说，"快起来快起来，出去玩去吧……"奶奶脸上的皱纹也跟着笑开了。长大后，不论春夏秋冬，每到周末，不管忙碌或闲适，我们都会到奶奶家，一家人一起包饺子或是蒸包子……奶奶调馅，妈妈和我包，爸爸则向爷爷讲述这一周工作生活中有趣的事情。饭好了，我们围在一起，热气腾腾的大锅暖着一家人的喜悦，香喷喷的饭菜透着老一辈人对子女的疼爱。现在爷爷奶奶年纪也大了，爷爷性子变得像小孩一样，爱发小脾气，还会提一些让人啼笑皆非的要求。而爸爸总是耐住心性，尽量满足爷爷。年前爷爷头脑有些犯迷糊了，爱打瞌睡。妈妈有空就给爷爷刮痧，按摩穴位，教爷爷做保健操。没想到年后爷爷竟奇迹般地好转了，头脑变清晰了，思维也敏捷了,我们全家一致认为这是妈妈的功劳,把妈妈开心得不得了。

善读书,讲孝道,尚节俭,这就是我们的家风。我很感恩从小到大父母对我的教育和熏陶。虽然他们都是很普通的人,做的也都是很普通的事情,可是我感到很自豪,也很知足。因为他们用自己的言行教育引导我,给了我完善的人格和富足的精神生活,让我在以后的生命中,看得见远方的灯塔和脚下的路,永远不会迷失和迷茫。

(作者单位:安丘市体育局)

父亲树起的家风

陈昕璐

　　家风，是包罗万象的百姓读本，是柴米油盐里的生活智慧，是源远流长的中华文化的基本单元。家风的传承，可以影响一个人、一个家庭、一个民族。习近平总书记多次强调："不论时代发生多大变化，不论生活格局发生多大变化，我们都要重视家庭建设，注重家庭、注重家教、注重家风。"不忘初心，方得始终。今天我们谈家风、重家风，正是为了在劳碌奔波的生活中，为精神血脉的传承点一盏明灯。

　　作为一名医务工作者，我握过许许多多的手，有的光滑绵软，有的遒劲有力，有的纤瘦细弱，但没有一双手像我的父亲那样，手掌宽厚、骨节粗大、布满了伤痕与老茧，十个指甲没有一个完好无损，甚至还有电灼伤后留下的色素不均的瘢痕。这双手会养蜂采蜜，会修理汽车；这双手曾经在煤油灯下组装过半导体收音机、电视机，还冲印过照片；这双手既能拿焊枪焊出完美的线条，又能捻针走线灵活得连我妈也自叹弗如。这双手给我撑起了一片天空，撑起了我的家。而吃苦耐劳，就是父亲的双手为子孙们树起的家风。

　　父亲是家中长子，儿时家境艰难，纵使聪敏好学也不得不为生计所迫早早辍学。可这并未阻挡住父亲对知识的渴望。父亲将他攒下来的钱全部买了书。他白天在生产队辛勤劳作挣工分，晚上就在大队的值班室外借着灯光读书。夏天忍蚊子，冬天耐严寒，丝毫不懈怠。今日看来，流传千古凿壁偷光、囊萤映雪的故事其实就发生在我的身边。在上世纪六七十年代,生产队上新项目都是派父亲出去偷师学艺。而父亲每次都不负众望,帮着村里组建起了一个又一个的工厂,教会了一批又一批的学徒。敏而好学,是父亲用他一身的本领向家人传递的家风。

父亲是个老实人,虽不善言谈但面慈心善。邻里乡亲也知道父亲的脾气,借钱、帮工、用车这些向别人不好启齿的事儿都去找他。他但凡能帮上忙的一准儿都应承下来。二十年以前有个买锅炉的欠下3000块钱。父亲去他家要账,看到他身无长物,好几个孩子泥猴儿似的在地上打滚儿,扭头回家让我妈拾掇拾掇我穿不上的衣服给人家孩子送去。去年他少时一起养蜂、此后多年不联系的一位朋友求父亲开车送他去沧州探亲戚。我知道了便不乐意,抱怨说他自己有儿有女的不去使唤,偏偏叫我父亲去当司机。此去沧州将近400公里,让六十多岁的老爷子自己开车去,家人谁能放心得下?我大哥也劝他别受那累了,让朋友坐火车去呗。可父亲说他朋友老来没有收入、手头拮据,要不肯定不会开这个口,不能拒绝人家。这样的事情不胜枚举,几十年如一日的"只吃亏不占便宜",让父亲在村里赢得了很高的威望。谁家有个不好调和的事儿都去找他主持公道,红白喜事都少不了他去坐镇。村里拆迁,大队支书首先想到的,就是去找父亲帮忙,劝说那些不肯搬的人家……"吃亏是福",父亲的言传身教向我们传递了这样的家风。

身教重于言传。吃苦耐劳、敏而好学、吃亏是福,我们将父亲的一言一行看在眼里记在心里,并会一代代传下去,成为我们的家风。

(作者单位:安丘市兴安街道社区卫生服务中心)

传承优良家风 弘扬中华文明

邰宝祥

每个家庭有自己的家风,我们家也一直秉承着"善良、节俭、讲究诚信"的朴实家风,在邻里之间一直有很高的口碑。

善良做人,这是我们家世代传承的美德。记忆中,祖辈父辈们都为人和善,并且无论怎样,他们都会对有需要帮助的人尽力伸援手。在这点上,对小孩子也是从小就有着严格要求的。记得有一次,我跟几个小伙伴在屋后玩耍,后面那户人家的老婆婆正在大门过道中摊煎饼。她烧鏊子没有草了,看到正在玩耍的我们,便吆喝我到门口外的草垛上去拿点草。我说:"我不!"便跟小伙伴们继续玩耍。那老婆婆只好自己起来去拿了。不料这事被正在屋里缝被子的奶奶听到了。回到家后,奶奶问我:"后面张奶奶让你去给拿点草你怎么不去?"我一愣,说:"那会儿我们正玩得起劲,哪有功夫去给她拿?再说了,她的亲孙子在那儿,她怎么不叫他去拿呢?"奶奶没有批评我,而是对我说:"小孩子家应该学点好,当别人要你帮助时,你就该去帮帮人家。人家会记你好的!可要记住了。"我当时对这些似乎没怎么理解,便不以为然,只是随口答应着。随着年龄的增长,我渐渐明白,奶奶说的道理很正确,当时没有帮那位老婆婆实在不应该。此后,我便将"善良做人、乐于助人"牢记心间,并以实际行动影响自己的孩子,将老祖宗留下来的最珍贵的优良品德传承发扬下去。

我们家一直有节俭持家好传统。小时候的记忆中,家中凡是能用

是爷爷在教育我做人一定要讲究诚信，要养成良好的道德习惯。

朴实醇厚的家风家训，让我自小就明白了很多做人的道理，直至现在还鞭策着我认真工作，诚信友善做人处事。在今后的日子里，我一定要从讲好家风家训做起，将老祖宗留下的珍贵品德保留和传承下去，引导后代更好地走好自己的人生之路，为弘扬社会主义核心价值观，创建和谐、温馨的社会大家庭作出应有的贡献。

（作者单位：安丘市职业中专）

怀念爷爷"郑马列"

马秀萍

每当听到关于"家风""家训"的议论，我就会情不自禁地想起爷爷，想起雅号为"郑马列"的爷爷。如果要说我们家的家风，那就是爷爷一辈子的言行品格。

爷爷的忠诚和执着

可以说，爷爷对中国共产党有着无限忠诚。他的思想永远都是红色的，他的信仰只有马列主义，他的信念只有奉献。他不论走到哪里，都不忘宣讲他的信仰，来教育和影响周围的人们。因此同事们给他起了个形象的绰号叫"郑马列"。即使他到了离休年龄，依然不肯离开岗位，又多干了几年才退出工作。离休回家后，他也没有闲下来，最关注的仍然是党的政策和社会的发展。2005 年全市组织党的先进性教育活动，他撰写了 4 万多字的读书笔记，在当地的老干部中被传为佳话。平日里，爷爷也积极发挥自己的余热。他经常免费为镇上的单位书写墙壁宣传标语，义务养护镇区的道路，在盛夏烈日下帮助农户麦收，春节时为邻里乡亲书写春联，忙得不亦乐乎……无私奉献赢得的是组织的肯定和群众的赞扬。一个旧棉布包裹里装满了爷爷的骄傲，里面是他曾经获得的各种荣誉证书，有省级的、市级的、县级的，有劳模、先进工作者、优秀共产党员等。这些证书早已泛黄，但每一个都记录着爷爷执着而又艰辛的工作历程，彰显着爷爷的优秀品质，而这些也是我们全家最大的精神财富。

爷爷的勤奋和豁达

爷爷虽出生在民不聊生的民国时期，物质匮乏，生活清贫，但与同龄人相比，他是幸运的。这幸运来自于老爷爷的长远眼光，他宁愿变卖家产也要供孩子读书。于是，爷爷从小就获得了接受文化教育的机会，而且读书非常用功，练就了一手好字，写得一手好文章。十七岁时他就开始教书育人，二十多岁被选拔进了县教育局工作。爷爷为人忠诚无私，工作兢兢业业，备受领导器重。但正当人到中年、功成名就的时候，遇上了"文化大革命"，他被迫选择了离开热爱的教育事业，到了一个偏僻的铁矿，一干就是几十年，直到离休。寥寥数语难以诉尽爷爷的坎坷经历，但从那个年代走过来的人所受的苦、受的累、受的委屈我们可想而知的。然而，我们从未听到过爷爷的抱怨，他总说："没有党和国家，哪有现在的幸福生活，知足才能常乐！"经过了暴风骤雨，爷爷依然心情豁达，依然无限忠诚，依然充满着面对挫折的无畏和从容。

爷爷的节俭和知足

爷爷从来都是用一颗平常心对待生活，这造就了影响我们几代人的家风。爷爷对儿孙从来没有打骂过，完全靠言传身教来影响晚辈。他勤俭朴素，从不追求奢侈。他不抽烟，不嗜酒，没穿过名牌，吃的饭菜总是特别简单。然而他很满足，慈祥的脸上总是挂着笑容。记忆中,爷爷喝酒最多的一次是十年前。那是因为我入党了。这是他最高兴看到的,比知道我考上大学时还高兴。这高兴既是一位长者对晚辈深沉的爱,也是他对共产主义信仰一份最有温度的表达!2008年,病重的爷爷,住进了医院。我们都为遭受病痛折磨的爷爷而难过,而爷爷从住院到临终别离,从未颓表,努力用笑脸安慰着我们。如今,在利益的诱惑前,我的家人都能够正确对待,坚守初心。原因很简单,就是我们都希望像爷爷一样吃得香甜、睡得踏实、知足常乐!

谷穗弯腰的时候是成熟收获的季节。如今爷爷已经安睡于大地整整八年了。我们这个拥有三十多人的大家庭,和睦、和谐、相敬、相知,努力秉承爷爷忠诚乐观、知足向上的家风。如果天堂有知,这对爷爷来说应是最大的安慰。

(作者单位:安丘市第一中学)

说说我的家风

孙振山

要说我的家风家训那可要谈谈我小时候的几件事。

先是"勤"的故事。家里奶奶和妈妈最是勤劳,她们深知只有靠自己的双手才能过上幸福生活。记得有一年夏天,正是收麦子的高峰期,是最忙的时候。可不巧赶上我爷爷生病。爸爸又在农机站上班,忙得脱不开身,只有妈妈和奶奶带着我去割麦子。那时还没有联合收割机,只能用镰刀收割。

那天从清晨到中午,妈妈和奶奶一刻也不曾停歇,两人都汗流浃背。妈妈身上的衣服像水洗过一样,奶奶那纤瘦的身子更显得单薄。为了尽快收割完,她们顾不上吃午饭,喝两口水休息一下接着干。一直干到下午我们才回家。深夜里,我一觉醒来,借着窗外的月光,朦朦胧胧地看见忙了一天的爸爸、妈妈正在院子里用铡刀铡着麦子,"喀哧、喀哧",持续不断。在他们面前,沉甸甸的麦穗堆成了小山儿。辛勤劳作把父母原本坚挺的脊背累弯了,但是从他们爽朗的笑声中,我却读到了他们的从容与满足。

再是"善"的故事。故事的主人公是我爸爸。故事的主题是"舍己为人"。

爸爸是一位普通的农民,我家也不怎么富裕,但他凭自己的一双巧手赢得了村里人的赞扬。像做家具、盖房子、修自行车、修拖拉机……爸爸什么都会做。在我印象中爸爸就是"万能"!村里人有什么东西需要维修时,都会来找他。他总是毫不犹豫地伸出援手。有一天,我到南屋里去找东西,发现里面全是钻机、充电机和一些我不认识的工具。我去问妈妈,妈妈告诉我,这些是爸爸为了给村里人修东西自己拿钱买的零件和工具。我愣住了,这不就是真正的舍己为人吗?赠人玫瑰,手有余香。为了感谢爸爸的帮助,春天时,村里人帮我们播种;夏天时,他们帮我们剥玉米;秋天时,他们给我家送苹果。但爸爸都觉得不好意思,总是腼腆的回绝。爸爸说:"我们真正收获的不是别人的东西,而是别人的心……"是呀! 舍己为人是一朵永不凋谢的花,不但开在生活里,也开在人们的心里!

爸爸用实际行动潜移默化地感染了我,让我从小就懂得,你给予别人一份爱,别人也会给你一份爱。这不正是社会生活人人都应有的品质吗? 我不崇拜明星,我不崇拜富有的人,我只崇拜乐于助人的爸爸。

最后是"孝"的故事。俗话说"百善孝为先"。比如《三字经》中记载的黄香温席的故事,冬天十分寒冷,晚上睡觉时,黄香就先躺在父亲的被窝中,等被窝暖热后才回到自己冷冰冰的被窝里。这就是著名的"香九龄,能温席"。这个故事让我初步认识到了孝,而让我深刻理解的孝却是从爸爸的一言一行。

自我出生那年起,爷爷就查出糖尿病、高血压,心脏还不好,奶奶年纪大了无法一个人照顾爷爷。那段时间,爸爸白天上班,晚上就去爷爷家守着他睡觉。爸爸担心爷爷的病,老是睡不着觉。他没有埋怨,尽心尽力的照顾,一年到头,陪着爷爷天南海北到处看病。爷爷要睡午觉,爸爸总是叮嘱我别忘给爷爷盖被子,以免着凉。虽是简单的一个叮嘱,却透漏出爸爸对爷爷深沉的爱。

爸爸言行的熏陶也让我懂得了孝顺的意义。我不善言语,也不会对父母说过多的甜言蜜语,但是我能够在吃完饭后及时帮妈妈洗洗碗筷,早晨起床后叠叠被子,自己的衣服自己洗,自己的事情自己做。现在的我已为人父母,知道为人父母的不易。我要用爱报答他们,让他们过上幸福的生活。

愿勤、善、孝的家风永远在我的家中传承,也愿这家风伴着温暖,飘进千家万户,飘进每个人的心中。

(作者单位:安丘市雹泉卫生院)

"孝勤仪" 引我成长

周赛

每个幸福家庭都有自己的家风家训,我家也是如此。我家的家风家训可以概括为"孝、勤、仪"三个字。虽然听起来简单普通,但此内容丰富,使我受益终生。

首先是孝。从小爸妈就教我要有孝心,要懂得尊老爱幼。他们也用自己的实际行动,传承我们中华民族的传统美德——孝道。在我的眼里,爸妈是很孝顺的。在家里,爷爷是"上级",他说的话,爸妈都会好好听。当然,时代不同,思想也会有代沟。爷爷时不时也会做出一些不尽人意的事、说出一些不合理的话。即使如此,爸妈也不会指责爷爷,而是和爷爷商量着来。外公外婆年纪大了,有时候难免因为意见不合的小事吵起来。每到这个时候,爸妈总是耐心劝和,让两位老人把气理顺。爸爸常说:"百善孝为先,孝敬长辈,就是什么事尽量让他们顺心,这就是孝顺。"十七年来,爸妈尊敬老人的一言一行都印刻在我心里,伴我快乐成长。

其次是"勤",就是勤奋。在我家勤不仅体现在工作上,也表现在生活中。爸妈每天忙于工作,每天都起得很早,他们常说:"早起能活99。"就这样,在他们的影响下,我从小就养成了不睡懒觉的好习惯。爸妈还说:"衣服要勤换,头发要勤洗,要讲究个人卫生。"他们是这样说的,也是这样做的,而我也在他们的熏陶下,勤快生活。

再次是"仪",就是礼仪。爷爷常说:"有文明、懂礼貌不仅能体现出一个人的修养,更展现出一个人的素质。"爸妈从小就教育我,身为一名现代社会的女性,淑女气质是不可或缺的,妈妈平时常提醒我的:吃饭不要狼吞虎咽;嘴巴不能发出唧吧唧吧的声音;吃饭时严禁边吃饭边大声说话,不能跷腿;见到熟人要先打招呼;家里来客人,要知道基本的招待礼仪,让座、倒水、端水果;到别人家做客要坐有坐相、站有站相,不要随便翻动别人的东西;坐公交要给老、弱、病、残、孕等让座;在学校要尊敬老师,热爱同学……在妈妈的教诲下,我都能自觉行之。

"孝、勤、仪"三个字,从儿时就陪伴着我,引导我走进了我的青春岁月。十七年的成长历程,它无时无刻不提醒着我、鼓励着我,促我成长。

家庭是社会的细胞。家庭的文明情况,是社会文明程度的缩影,社会要想文明进步,首先就要从每个家庭做起。家家有个好的家风家训,家家培育文明人,如此坚持下去,社会的良好风气就会发扬光大,中华民族的文明程度就会进一步提高。

(作者单位:安丘市职业中专)

勤俭节约　尊老爱幼

赵美

家风，简单地讲，就是一个家庭或家族的传统风尚。《礼记·大学》有云："一家仁，一国兴仁；一家让，一国兴让。"家庭作为社会的基本细胞、人生的第一所学校，对养育出人格健全的社会个体至关重要，对社会、国家、民族的繁荣发展不可或缺。习近平总书记曾多次强调家风的作用："千千万万个家庭的家风好，子女教育得好，社会风气好才有基础。"

其实我家并没有什么明文规定的家风家训，也没有什么名言警句来规范孩子。我总结我们家的家风有"两宝"，就是：勤俭节约，尊老爱幼。

先说勤俭节约。自打小时候起，父亲就告诫我们："过日子要细水长流，该花的钱多少都得花，不该花的钱一分都不能糟蹋。"父亲是地地道道的农民，生活非常简朴，甚至被老少爷们取笑"太抠门"。以前当我们兄妹开学前要交学费时，他就会从箱底掏出旧布手帕，一边数着自己攒的钱，一边叮嘱道："孩儿啊，这钱要用在正途上，要用在学习上，一定要争气啊！"每当回忆起这一刻，我就禁不住潸然泪下。父亲和母亲都很勤劳，但是只会和土地打交道的他们辛辛苦苦劳作一年，也只能维持一家老小的吃喝而已。每到开学、过年、行人情的时候，他们都备受熬煎，母亲甚至偷偷地抹眼泪。但再苦再难，他们也坚持一个信念：无论如何也要供应孩子们念书。我上大学时，每逢收到家里寄来的生活费,脑海里总是父母操劳的身影。聚餐、过生日这些平常的人际交往都与我无缘,但我始终牢记长辈们的教导:"钱要用在学习上,勤俭节约不丢人。"在父母的支撑下,我们兄妹5人先后完成了学业并走上工作岗位。我们都牢记着父母的辛劳和教诲,在各自岗位上努力地工作。

再说说尊老爱幼。奶奶在生命最后的几年里,因病卧床不起。父母一回家,除了洗衣做饭,还要照顾老人的饮食起居。但是,再忙再累,也要先把奶奶的房间收拾得干干净净。周围邻居都夸赞父母是"大孝子"。而今,我们兄妹5人均成家立业。生活中,我们感念父母的含辛茹苦,都和睦相处,比着孝顺老人。为了弥补对父母的亏欠,十多年来,我们一直轮流回家陪伴两位老人,或者抽出时间陪他们到全国的名胜古迹旅游休闲。令人欣慰的是,在耳濡目染中,下一代的孩子们纷纷看样学样,也学会了孝敬老人。老人们开开心心的生活着,就是我们做儿女的最大的幸福。

在这幸福的家庭中,我的父母秉持"两宝"相濡以沫、恩爱到老;我们兄妹传承"两宝"相互支持、和谐幸福。"勤俭节约、尊老爱幼"的家风早已深深的刻在我们心中,流淌在我们的血液里,也将会随着我们的言传身教继续传承下去。

(作者单位:安丘市实验小学)

忠厚传家 岁月留痕

赵成文

我家是一个二十四口人的大家庭。逢年过节,大家欢聚一堂,其乐融融。这时候,父亲总免不了要唠叨几句:"不管是工作的,还是上学的,好好想着,为人处世一定要厚道,好人才能有好报啊!"

听父亲说,我家祖祖辈辈为人忠厚老实。战乱年代,我的爷爷是出了名的老实人,而且"无用"得很,只能靠给日本人"报平安"给自己挣个烟钱儿。不过,爷爷可不是汉奸,汶河北崖的八路军把日本鬼子的电话线给剪断了,爷爷仍旧是报了个"平安无事"。因为这,险些成了麻田(当时驻偕户村的日本军官)手下汉奸们的"刀下鬼"。爷爷吓得连滚带爬才回到汶河北崖,双腿麻木,半夜未能回家。当时,年仅八岁的父亲硬着头皮把爷爷接回来。在爷爷的"命令"下,又硬着头皮打了个返回,找回了爷爷点烟用的火镰,那可是爷爷的宝贝。据说,在那条路上经常闹鬼,父亲可真是人小胆大。

穷人的孩子早当家,战乱年代,父亲就挑起了家庭的重担。日本鬼子被赶回老家后,老实的爷爷唯一能干的差事也没有了。十二岁的父亲,便早早地从学校背着公社第一的奖状回了家,成了家里的顶梁柱。全家十三口人,一个劳力也没有,饿得头都抬不起来。无奈,父亲领着两个叔叔和邻居的张氏人家去临朐讨饭吃。回来后,爷爷用地瓜叶卷着烟,为了烧水喝茶把家中唯一的一口老楸木箱子给劈了。爷爷说:"好的木头烧水泡茶才有好的滋味儿。天啊,幸亏家里还栽了棵老茶树!"父亲听罢,心中虽有些委屈,但也无一句怨言,毕竟那是爷爷唯一的嗜好了。爷爷略带羞愧地笑着夸父亲:"这孩子,老实孝顺!"

解放后,完小毕业的父亲因为"文化水平高"被选为村里的会计,家里的日子也好了许多,但总的来说,还是一个字"穷"。不过,当时"人七劳三"的政策好,也算是能吃上一顿饱饭。可安稳日子没过多久,又赶上了"文化大革命"。幸亏家里穷,成分好,爷爷"无用",家中人丁无一受到"帮助"(所谓帮助,就是受批斗、挨打罢了),可能是受爷爷"太无用"的影响,能够"出头露面"的父亲也没有"帮助"过别人。因为这,提到父亲的名字,老少爷们儿都说父亲是个好人。父亲常唠叨:做人不可做坏事,也不要贪财好利。即便是后来,父亲担任慈山公社财政部长,每天背着半袋子银元从公社驻地回家,但从未假公济私,留下过一分钱。

在"人七劳三"的政策下,家里逐渐有了点儿余粮,人家的粮食吃不到半年,我家的粮食却在父亲"每餐半饱"的家规下勉强接济下来,唯一能够吃饱饭的是爷爷奶奶。过年了,别的人家只能望着星星当烟花,而我家却是其乐融融。全家人都盼着这一天,因为父亲特许,这一天全家人都可以吃上一顿饱饭。爷爷奶奶更是能够在除夕之夜吃上几个"美味"的水饺,尽管没有一滴油水,可爷爷总免不了夸父亲几句:"儿呀,这几年多亏了有你呀……"

那一年,爷爷得了肠梗阻,一天到晚直唉哼。身为长子也是顶梁柱的父亲,急得团团转,请了好几回郎中,也不见好转。孝敬爷爷的四只鸡蛋也一并送给了那个郎中,还有家里仅有的七尺布票,结果无济于事。父亲一面想尽办法帮爷爷排粪便,一面四处求医,心里暗暗发誓,这辈子一定要学医!

爷爷生病不能出屋,为给爷爷求医问药,仅有的一件羊皮袄就穿在了父亲的身上。一次,父亲听说西县有个叫作瞿奎成的老先生懂点医术,就骑车二十多里去拜师。老先生见父亲学医心切,就把他老人家的珍藏多年《本草纲目》和《黄帝内经》送给了父亲,这可是老先生的看家底儿! 父亲感激涕零,当即双膝跪地给老人家磕了两个响头,并脱下那件羊皮袄要送给老先生!老先生只是笑了笑:"孩子,看你忠厚老实,留着自己穿吧,都不容易的。"那年月,父亲根本买不起这经典的医书。直到现在,他老人家还经常拿出来看看,是学习。正是靠这两本书,父亲竟然给爷爷治好了肠梗阻的病。那年父亲刚好十六岁。

父亲很少在我们面前提及他那辛酸的往事, 也不曾在我们面前夸耀自己。偶尔得知,因为当时生产大队缺个赤脚医生,父亲勤学好问,医术渐精,已经小有名气,就被推荐担任了大队卫生所的所长兼主治医生。父亲勤学,人也好用。那年月,看病是不收钱的,只是药难求。可俺村的病人用药从来没犯过愁,都是父亲一人包。我们哥儿五个都在芷芳村上过学,沾了不少光。阴天下雨,早早就有人等我们去他家吃饭。其实,请吃的人我们兄弟多半不认识,回家后,只需描述一下那人的大体模样,父亲就能准确的猜出他是谁。大恩不言谢,父亲只是在外出看病时,偶尔碰到人家,寒暄几句,算是谢恩。

我佩服父亲医德高尚,忠厚老实。这些年来,父亲的诊所从未空闲,整天热热闹闹像赶集。来看的大都是常见的庄户病,偶尔遇上个疑难杂症,父亲也能恰当处理。虽算不上妙手回春,却能药到病除。

从来忠孝传家远,自古诗书继世长。正是父亲的教诲,让我们兄弟有了文化。三哥继承了父业治病救人,我走上了三尺讲台,成了一名光荣的人民教师。

而今,我也已为人父,受父辈的影响,孩子们个个尊老爱幼,忠厚老实,真是省心。我感谢父亲,愿天下父亲都幸福安康!

(作者单位:安丘市凌河镇慈埠小学)

忠厚传家久 诗书继世长

李玉红

从小到大，过年时我家大门前的春联，都是我爷爷亲自写的，内容也从没改过，那就是"忠厚传家久，诗书继世长"。后来爷爷老了，爸爸就接过来写。现在爸爸也老了，就到市场上买成品对联代替原先的手写对联，但内容始终如一。因为爷爷说过"忠厚传家久，诗书继世长"是我家的家风，要一直传承下去。

忠厚传家久

忠厚二字，所谓忠，即真诚对人，不虚伪，不欺诳；所谓厚，即宽厚待人，不矫情，不做作。老一辈人认为能做到忠厚，就能让家族绵长的延续下去，如果一个家族的子孙失去了忠厚，往往会给这个家族带来灾难。

我们家最显著的特征是忠厚。爷爷奶奶都是村里出了名的老实人，我爸妈在村里也因为忠实厚道被人称赞。据说当年妈妈正是看中了爸爸一家忠厚老实才嫁过来的。他们不仅对自己要求忠厚，而且也通过言传身教的方式告诉我要做一个忠厚的人。那是一年秋天，年幼的我想吃新鲜的玉米，妈妈让我到地里去掰几个玉米回家煮着吃。妈妈跟我说了玉米地的大体位置后，我就去了。到家后妈妈看了我掰的玉米，说我家的没有这么大，是不是掰错了？到地里去一看,真的是掰错了!原来我把相邻的那块地当成我家的了。妈妈立即带着这几个玉米到那户人家赔不是。在妈妈的影响下,我一直做一个忠厚老实的孩子,曾经不止一次因为不和小伙伴一起去偷张妈妈果园里的苹果而被小伙伴们笑话"胆小",但这也让我养成了坚持原则的好习惯。

今天在市场经济环境下,有的人已经忘却了忠厚的优秀品质,甚至认为"忠厚"就意味着老实、吃亏,容易被人欺负。其实不然。无论什么时代,人们都希望交往的是忠厚实在的人。我始终坚信"人有善念天必佑之,忠厚之人必多福报"的古话,所以我会让我的孩子继续做一个忠厚的人。

诗书继世长

所谓诗书,是指要让自家的孩子读书。读书可以增知识、晓礼义,修身养性,培养高尚的品质。如果没有读书,就可能不知礼,不明理,就有容易受到各种诱惑,做不该做的事。古往今来,具备良好家教的家庭,一般都有崇文重教的传统。

我们家算不上书香门第,但是在农村,爷爷和爸爸也算得上文化人了。爷爷少时读过私塾,是村里他们那一辈人中文化水平最高的,爷爷写的毛笔字飘逸大气,当时全村的对联大都是他写的。一到过年的时候,村大队里就准备好笔墨纸砚,找一间大屋子,请我爷爷去写对联。每到这时,我和哥哥就成了小跟班,帮着铺对联、晾对联,有时还会拿毛笔跟着画几个福字。受爷爷影响,父亲也写得一手好字,在电脑刻字还不普及的年代,周边十里八乡谁家店铺写个门头招牌、广告标语,都是请我爸爸去写,连我学校里的黑板报,也是我爸爸用毛笔蘸着广告漆,一笔一画地写出来的。这时,我总会对身边的同学们说:"看,那就是我爸爸!"那种在小伙伴中显摆时的优越感到现在仍是记忆犹新。在爷爷和爸爸的影响下,我从小学习还算刻苦,在当时重男轻女的环境下,爸爸克服一切困难让我读书。在别人家打牌看电视时,我们家尽量给我创造安静的学习环境,十几年如一日。读书让我明白道理,知道"无规矩不成方圆"的意义。在物欲横流的冲击下,我仍然会坚持自己的原则,守住心中的一片净土。这应当归功于父母的言传身教和书中的"春秋大义"。

"忠厚传家久,诗书继世长",这是我家的家风。而我相信每家也会有每家独特的家风家规。"家是最小国,国是千万家",千千万万个家庭风气正了,在家庭之间就容易形成和睦互助的友好关系,在单位里也易形成干干净净、踏踏实实的工作作风,"道不拾遗,夜不闭户"的社会风气也就离之不远了。

(作者单位:安丘市白芬子卫生院)

我家的家风故事

张晓雯

我很庆幸我出生在一个书香门第,爷爷很重视读书,家里崇尚读书的风气也很浓。我记得小时候,爷爷给我买的最多的不是玩具,也不是零食,而是书籍。爷爷经常说:"一个人最可怕的不是缺乏物质,而是精神上的贫乏。"

爷爷从小就被放在别人家里寄养,直到跟奶奶结了婚才回到自己家里跟父母一起生活。1975年爷爷进入乡下中学当起了民办教师,每个月两三块钱的工资都要全数交给家中的老娘。而家中的老娘却不让他的妻子孩子吃上一顿饱饭。爷爷看在眼里却也无可奈何。1977年,恢复高考的消息传来。当时已30多岁的爷爷,毅然决然的报名应考。白天在学校里给学生教书,晚上在家里用功读书,买不起作业本就用学生们用过的作业本背面做题。经历了多少个日日夜夜,终于爷爷成为村里自恢复高考后第一个考上大学的人。大学毕业后爷爷带着奶奶、爸爸和姑姑来到了城里并安了家。"人之初,性本善……"从我懂事时起,爷爷就教我读《三字经》《百家姓》。爷爷在教我读的时候,也告诉我其中蕴含的道理。记得有一次,爷爷告诉我:"'百行孝为先'这句话说的是,我们做人要懂得尊敬长辈,对长辈要尽孝道。一个人如果对自己的父母不孝,就不能指望他去爱别人。"2000年爷爷考虑到老奶奶和老爷爷年纪大了,想把她们接到城里照顾,奶奶心有不满。爷爷说,父母把我们带到人世间就是对我们最大的恩赐,我们应该学会感恩。就这样,老爷爷老奶奶晚年,爷爷一直寸步不离的悉心照料着,直到他们去世。

爷爷孝老敬亲的一言一行深深地感染了我。每当家里吃饭的时候,我总是把最可口的饭菜留给爷爷奶奶吃。有一次我生病了,妈妈给我买了鸡腿,还煮了鸡蛋。我把东西端到爷爷奶奶房里。爷爷抚摸着我的头说:"乖孙女,你生病了,还是你吃,多补补营养。"我回答:"爷爷奶奶,你们平时不舍得吃不舍得穿,我身体好得很,没事。"奶奶年轻时受苦受累,年老了身体格外不好,患了心衰病。我大学快毕业的时候奶奶的心衰进一步加重,瘦得皮包骨头。我看在眼里疼在心里。那天我收拾行李准备回学校,奶奶强忍着身体不适坚持送我上公交车。从家到公交车站牌,短短 100 米的距离,我们走了 20 多分钟。坐在公交车上,望着车窗外奶奶瘦骨嶙峋的身影,我禁不住泪流满面。

做人讲诚信是必不可少的。爸妈从小就教育我要遵守时间,诚实守信,不许顶撞父母……有一次,我玩游戏超时了,爸爸很严肃地收起了我的电脑,并语重心长地说:"孩子,诚信是金!做人要守时守信。"接着,爸爸给我讲了他小时候的一个故事。有一次,爸爸和小朋友一起外出玩,说好了 8 点就回家,结果 10 点多才到家。后果他被爷爷狠狠地揍了一顿。从此,爸爸记住了无论做什么事都要守时、守规、守信。就因为这样,我也记住了守时的重要性。诚实守信是做人的"必修课"。正所谓"人而无信,不知其可也"。诚信,让我在同学中、朋友中获得了很好的口碑。

提起勤劳,就从奶奶说起。奶奶这把年纪,还是不辍劳作。在我们各自外出学习、工作之时,她就在家里左洗右刷,从没闲着。早晨,奶奶天不亮就起床,帮我们准备好早餐后就开始拖地、抹桌子。起床后我注意观察奶奶的一举一动。她拖地时声音十分轻柔,生怕打扰我们的睡眠。瞧,奶奶的动作缓慢,但她拖地拖得很干净,如果一些地方她还认为脏的,就一定重复着一遍又一遍,不拖干净决不罢休。我知道,奶奶的身体不是特别的硬朗。干体力活过久,就会腰酸背疼,她为我们累垮了身体。奶奶为我们付出这么多,我们都心疼她,感激她!

诗礼传家、尊老爱幼、诚实守信、勤俭持家,这都是我家的优良家风。我将牢记在心,努力践行,让优良家风代代传扬。

（作者单位:安丘市妇幼保健院）

孝亲敬老篇

母爱无声传孝敬

孟凡良

　　每年的母亲节前后，我都会愈加想念母亲。

　　母亲过世已三年多了。她从小就没了娘，是她嫂子把她拉扯大的，成人后嫁给了我父亲。所幸父亲对她很好。1958年大炼钢铁时，母亲不幸得了气管炎，这个病从此伴随了她一生。母亲一辈子生养了五个儿女，其中四个是闺女，在父亲42岁时母亲又有了我这个儿子。在生了四个闺女后又老来得子，真是喜从天降！父亲光请客就花了他三个月的工资。1982年大包干，家里女孩多，劳力少，逼的父亲搬家到了城里。刚来的那几年，家里人口多，挣钱的少，困难自不必说。我爷爷年纪大了(我奶奶在我出生的前一年已经过世)，也需要母亲照顾。母亲在家要照顾一大家子人的吃喝拉撒，所以一直也脱不开身出去工作。母亲的孝顺在老家就出名，到了城里也丝毫没改变。爷爷经常便秘，母亲就用竹签给他一点点往外抠。母亲的所作所为，深深打动了父亲，他对母亲特别佩服和敬重。母亲的言行，我们姐弟几个看在眼里，记在心里，并以此为榜样孝老敬亲。

　　母亲做事很有原则。她把孝敬奉为做人的首要标准，凡是不孝敬父母的一律断绝来往，就是自家亲戚也不例外。我亲戚家一个兄弟不孝顺，对他母亲很不好。母亲常常为此生气，但也无能为力。他母亲过世后，我母亲一怒之下，就再也没去过他家，并嘱咐我们少和不孝顺父母的人来往。我也支持母亲的决定，此后也很少去过这个亲戚家。

2007 年，父亲去世了，母亲悲痛欲绝，气管炎更重了。多年不吃的烟又拾起来了，这更加重了她的病情。母亲吃原来的药已经不管用了。看到母亲难受的样子，我心如刀绞。后来，我听人说霭泉一位赤脚医生配的药很管用，就马上跑到霭泉去给母亲买。母亲连续吃了一两年，还真见效，病情好了很多。但由于里面激素药太多，导致母亲的骨质疏松越来越严重，不小心闪一下就可能造成骨折。2011年 10 月，我又搬了新家，并且专门为母亲准备了一个房间，也算尽尽自己的孝心，让母亲安度晚年。可母亲好像不太喜欢新房子，成天念叨老屋，还有那些彼此熟悉的老邻居。我以为是母亲不习惯，过些日子就会好些，依旧没有读懂母亲的心思。不久，母亲的病越发严重了，但是她一直强忍着，生怕我们担心。就这样一家人欢欢喜喜过了个年。可年后初十那天，母亲竟撒下我们走了……我万分悲痛，更深深的自责，都是我把母亲害了。我要是不搬家，不把母亲接过来，母亲不可能走得这样早！我这次搬家真不对！

对于母亲，我是有愧的。原来只想着挣钱，希望让母亲过上好日子，却没有在平日里给母亲更多精神上的慰藉与关爱。记得小时候，过年挣了磕头钱，都交给母亲，还对她说："娘，这钱都给你，你买好衣裳穿。以后等我长大了，挣钱给娘花。"母亲把我紧紧搂在怀里，眼含着泪欣慰地说："谢谢我的好孩子"。可现在我早已成家立业了，我对母亲的承诺又兑现了多少呢？"树欲静而风不止，子欲养而亲不待"的痛楚我是深有体会了！母亲走了，走得很安详，我却再也没有机会去孝敬她了……

母亲，儿子永远怀念您……

（作者单位：安丘市个体工商户）

孝顺在我家传承

王海燕

我家一直保持着一个优良的家风——孝老敬亲。

从记事起，妈妈就教育我要懂得孝敬长辈、孝敬父母。妈妈不单单是这么教育我，她和爸爸也是这么做的。我的父母曾经告诉我，人的生命只有一次，我们生在这泱泱大国，这就是我们的荣耀。以国为荣，不做令人羞耻、败坏国风的事，做一个好人，这比什么都好。这是我们的爱国心，这是我们祖国教会我们最珍贵的道理。孩子除了在学校里学习，其余的时间都与父母在一起。父母的言传身教，就是对孩子最好的教育。

孝顺的家风需要每一位父母给自己的孩子做出榜样，良好的家风才能代代相传。我母亲今年66岁了。她是个大孝女。我的爷爷去世早。奶奶是我母亲给她养老送终的。对于外婆，母亲照顾得同样面面俱到。记得三年前的秋天，外婆生了一场大病，情况非常糟糕。母亲知道了这件事，带着我急忙赶到医院。当妈妈看到外婆那黑白交错的乱发、弱不禁风的身子时，鼻子一酸，眼泪哗地流下来。随后，妈妈铿锵有力地说："妈，女儿不甘心您离开人世，女儿就是拼尽全力也会照顾您啊！"当时，我的父亲由于得了脑血栓，卧病在床，而父亲也不让我请假照顾他。

自此以后，妈妈在我家与外婆之间来回奔波。一个星期天的下午，我和妈妈去探望外婆，看到外婆的脸稍有了一点光泽，头发也油亮了,还散发出淡淡的薰衣草味。我知道,经过妈妈一个月的精心照料,外婆终于康复了。

妈妈用她自己的行动一直感染着我,感染着整个家庭。妈妈总是教育我说:"乌鸦知道反哺,小羊知道跪乳;人也一样,要懂得孝敬父母、孝敬长辈。"其实我也一直是这样做的。受到妈妈的影响,我对父亲也是倾尽全力悉心照料。不幸的是父亲最终还是离我们而去。去世时还不到60岁呀。每每想起来我就心痛,多少个夜晚,从梦中哭醒!

可是,在很多的家庭中,常常可以看到这样的情景:吃过饭后,孩子扭头看电视或出去玩,父母却在忙碌着收拾碗筷;家里有好吃的,父母总是先让孩子品尝,孩子却很少请父母先吃;孩子一旦生病,父母便忙前忙后,百般关照,而父母身体不适,孩子却很少问候。这些现象,会使子女不自觉地养成娇惯、任性、懒惰、自私的不良习惯。凡此种种,值得我们深思。

在我们的家里,孝顺已经成了接力棒。我女儿今年只有13岁,在家里帮忙炒菜、洗衣服、生炉子……春节前,我和妈妈都生病了,这可忙坏了女儿。她又是泡药,又是做饭,每晚锁门。看到女儿忙前忙后的身影,我和妈妈既高兴又心疼。我为生活在一个母慈女孝的爱心家园而自豪!

《孝经》有云:"夫孝,始於事亲,中於事君,终於立身。"孝为仁之始、德之基,为孝者方能齐家,齐家者方能兼济天下。力行孝道,既是对中华传统文化的传承和发扬,也是对社会风气的净化和提升,应当代代相传、生生不息。我相信,我家的孝顺家风也一定会传承下去。

(作者单位:安丘市凌河镇石家庄小学)

百善孝为先 守训合家欢

刘庆丽

俗话说得好，"无规矩不成方圆"。很多名人都有好的家风家训。从孟母三迁到岳母刺字，好的家训、家规、家风不仅承载了先祖先辈对后代的希望和鞭策，也体现了中华民族的优良传统。我们家虽不是名人家庭，但父母亲经常挂在嘴边一句话就是：百善孝为先。这短短的一句话对我影响深远，我一直把这句朴实的话语作为家风家训，铭记在心。古人云："父母者，人之本也。"从初生的婴儿，到烂漫的少年，再到不惑的中年，我们一天天长大，是父母赋予了我们生命，给予了我们无私而伟大的爱。古往今来，不一样的时代，却演绎着一个相同的主题，那就是孝敬父母。

我们家曾经是个五世同堂的大家庭，爷爷奶奶和老爷爷与我们合住，这么多年来一直其乐融融。从小爸爸妈妈就教育我们要有孝心，他们自己也一直身体力行。每次家里有重大事项需要讨论，大家就聚在一起开始叽叽喳喳发表意见，实在不能统一的时候，就由老爷爷"一锤定音"。用父亲的话说，这就叫"家有一老，如有一宝"，尊重老人意见，就是"孝"。爸爸妈妈不管再忙也会抽出时间陪着爷爷奶奶聊天、散步，他们的每一句话和每一个举动，都在影响着我。我也十分关心爷爷奶奶，甘心做他们的开心果，时常回家讲一些轶闻趣事逗得他们开怀大笑。

同样的，结婚后我又把这份孝道带到了组建的新家庭。现在还经常想起婆婆给我吃辣椒油的故事。那是我第一次见公婆，婆婆按照当地的风俗在擀的鸡蛋面条里放了很多辣椒油，我以前从来不吃辣椒，但想到婆婆的一番辛苦和期望，我还是咬着牙吃下。从此以后，婆婆以为我喜欢吃辣，以后经常给我做，一吃就是两年多，到现在反而习惯了。公公婆婆年纪大了，有时会因为小事争吵起来，我总是在旁边耐心劝说，绝不顶撞他们。有时我也会私下给女儿使眼色让她故意轻轻碰一下奶奶的脚，而每次婆婆都会会意地停止争执。从奶奶会意的眼神中我们亦读懂了"爱"的真谛。家风好，则人心正。父母慈，则儿女孝，子孙贤。

父母一生为儿女操碎了心，也付出了很多。而现在他们老了，他们累了，需要一把椅子坐坐；他们渴了，需要一杯清茶解渴；他们的心寂寞惶恐了，需要一颗真诚的感恩之心去安慰。而我们大了，成人了，我们再也不会把父母为我们所做的一切都当做理所当然，再也不应对父母的艰辛付出和无限关爱视而不见，再也不能因有时父母做得不合自己心意而满腹抱怨。其实孝心很简单，搬一把椅子给父母歇歇，倒一杯水给父母解渴，为父母端上一盆热乎乎的洗脚水、给他们剪修指甲，说一句真诚温暖的话语给他们听听……无需惊天动地。

因为懂得了父母的需要，所以我现在已经行动起来，经常和爱人、孩子一起回家看望老人，帮母亲做做家务，静心听听她讲过去、拉家常；给爸爸捶捶背揉揉肩，跟他谈谈新闻、聊聊时事。当父母卧床养病时，多多关怀，多多侍奉，就如同父母儿时用心照料我们那般，让父母体会到"老有所养"，驱散他们的心病。女儿每周会给老人们打电话问候，老公会主动把钱给老人们零用。我们的一点点孝心看似平常，却会让老人们享受到生活的温暖，他们常跟人夸奖儿女对自己的好。孝敬父母其实真的就这么简单，看到老人开开心心地生活着,那就是我们最大的幸福。

孝顺孝敬,没有顺没有敬,哪来孝?对长辈首先是顺从,要让他们顺心,感觉到被人尊重。孝敬无底线,就是说对老人尽孝道没有最好,只有更好;没有终点,只有起点。读懂孝的含义,这金光闪闪的"孝"字,激励、感召了我们当代的每一个人。我们的身体发肤受之于父母,身为儿女,我们应该尽最大的能力来孝敬父母。让我们从小事做起,孝敬父母,回馈社会,尊老爱幼,爱岗敬业,做一名有善心,有爱心之人!

"百善孝为先,守训合家欢",这是我在生活中的亲身体验,也是我们家一成不变的家风。以孝为先,家人之间会多一份尊敬,多一份宽容,多一份理解,多一份支持,这样家庭才会更和睦,社会才会更和谐。

(作者单位:安丘市大汶河卫生院)

老家的那些事

徐炳亮

　　我的老家位于汶河岸边，有个很美的名字"芷芳村"。听爷爷说，村名来自古诗中一句："汀芷芳晴"。祖辈世世代代居住的美丽村庄民风淳朴，近些年更是被评为社会主义新农村建设先进单位。

　　我的家族在村内人数最多。我对家族的了解是从幼时长辈们的教诲中开始的。我的曾祖父是老家一带出名的私塾先生，名孝忠，字百远。老爷爷的一个学生在东营油田上班，他对老爷爷尊崇备至。他告诉我，老爷爷忠厚待人，与人为善，博学多才，在当时是德高望重的人。1976 年曾祖父去世时，方圆百里的学生都赶到家里去为他送行。我当时听后很震撼亦很自豪。曾祖父一辈子与人为善，从未和曾祖母红过脸，吵过架。在困难时期，夫妇二人还常常接济乡里乡亲。老爷爷四个儿子，十七个孙子。我奶奶常常讲，这都是老爷爷和老奶奶修的福分。

　　爷爷排行老三，受曾祖父影响，写得一手好字。老人一生沉默寡言，年轻时到东北某林场一直干到场长。后来回家决定接家人前往东北定居时，被老爷爷一句"父母在，子不远游"留下了。小时爷爷曾偶尔提过，东北那边连发数封电报催回，爷爷最终没回去。听话的爷爷后来在村里干了多年村长，他的性格是谨慎言行，乐于助人。老人很少提往事，但现在想来，他告诉我的每句话都蕴含深意。爷爷曾经告诉我，战乱时期，年仅 9 岁的他跟着 16 岁的表哥出去过一段时间。他表哥要拽他去日本人招工的地方,爷爷坚决反对。可他表哥很执拗,最终撇下他,被大碗米饭吸引去了,一去再无音讯。爷爷每当说起这些时,总是很伤感。他说:"天上不会掉馅饼,更何况那是日本人招工。稀里糊涂就去了,白瞎!"在我刚毕业即将参加工作那天,爷爷很郑重地跟我谈了次话,告诉我一定要听党的话,严守纪律,严守秘密,好好表现,争取早日入党。上班后我所在的乡镇与临洐相邻。爷爷又告诉我,当年曾步行至临洐参加过全县地瓜生产现场会。从老家到临洐近百里路,我不禁问道:"您累吗?"爷爷笑着说:"没觉得,一早赶路,抄近路,没觉着就到了。"记得多年前回老家看爷爷,爷爷拿出盒杭州烟给我。我问哪来的,爷爷才告诉我,是在浙江的一个远房兄弟来看他时拿来的。然后我才知道,当年困难时期,爷爷的一位堂叔当时在杭州工作,实在困难,便让5个子女回老家投奔他们的大哥。可是我那位堂爷爷也很困难,当时担任村长的爷爷伸出援手,接济他们。后来他们5个人返回杭州时,又是爷爷把他们分别送到车站,并送上路费。所以在杭州的这些人每次回老家,第一个看望的便是我的爷爷和奶奶。

父亲兄弟四人,他是老大。在挣工分填饱肚子的年代,父亲为了生计,上完小学便主动下学开始挣工分。后来父亲干了生产队长,我记得那时父亲整天开不完的会。父亲从小对我要求很严格。有一次,我跑到爷爷家偷了小姑几块钱。父亲知道后,将我绑在树上,好一顿抽。

父亲是一个孝顺的人.爷爷奶奶有事找他,他总是应声而去。每次滚烫的水饺刚出锅,父亲总是叫我第一时间给爷爷奶奶送去,这个习惯一直到现在。爷爷2009年初因病瘫痪在床,2009年冬天就世了。因为叔叔们都忙,是父亲一直陪在爷爷身边。父亲说过一句话,我印象很深:"不管弟兄姊妹多少,尽到自己的心就行。"

父母是孩子的最好老师。从小到大,我几乎没有听到父母在我和妹妹面前议论别人。父母总是给他人正面评价。比如谁家的孩子考上大学了,谁家今年又好收成了。父亲还是一个非常具有"侠义"之气的人。印象很深一件事,前几年回老家,别人告诉我,有一天,父亲半夜听到隔壁叫喊,想都没想,就跳墙进入隔壁,不顾个人安危将一歹徒打跑。这种"爱管闲事"的特质,其实就是勇于担当。

我堂兄妹共十一人,论年龄我为长。今年春节,堂兄妹一起建了一个群,叫徐家大院。某晚,我以老大哥身份介绍了自己的家族历史,从老爷爷讲到现在。最后我说,我们徐家是耕读传家。老爷爷常要求家里人,做人要修善修德,这正是我们的家风。时光荏苒,曾祖父、祖父流传下来的家风将永远激励着我们前进。

(作者单位:安丘市国土资源局景芝分局)

"家风"小故事

刘国玲

老话说的好，"国有国法，家有家规"。我出生于上世纪 70 年代末，小的时候家里就有一些不成文的规矩。比如，家中来客人了，吃饭时家中的女性成员和孩子是不能上桌一同用餐的；平时吃饭时，奶奶必须先把菜准备好，让爷爷先喝完小酒后大家才可以吃。爷爷一只手拿着咸鸭蛋，一只手端着小酒盅的样子，现在还如在眼前。

人人遵守规矩，时间长了也就养成了习惯，每个人都会觉得很自然。反观现在有些孩子，来客人吃饭的时候你不允许他上桌，他会觉得委屈，甚至会对客人产生"小小的怨恨"。但这不能全怪孩子，做父母的首先应当自我反省。孩子"没规矩"是因为没有人教会他，没有给他养成守规矩的习惯。所以父母应在孩子小时候就从小事做起，言传身教为孩子立规矩

记得女儿还小的时候，我们一家三口回老家过中秋节。吃过晚饭后，老公将两个芒果剥好了皮一个给了公公，另一个递到了婆婆手里。女儿在旁边眼巴巴地等着，却没能如愿等来自己的水果，一脸不解和失望。在自己家里吃饭的时候，剥好水果会先给女儿了，但这次我和老公只装作没看见。后来，我们给她讲了"或饮食，或坐走，长者先，幼者后"的道理，孩子听后点了点头，似乎明白了孝敬老人的道理。

去年春节回家，因为开饭的时间有点晚，几个孩子都觉得饿了，

看到饭桌上摆着做好的几道菜就想动手开吃。这时,女儿拦住了他们。"让爷爷奶奶先吃!"女儿说道,然后跑到爷爷的身边说:"爷爷你就先尝一口吧,我们都饿了,您先吃一口我们几个就可以吃了。"大人们听了都笑着称赞说:"这孩子真懂事!"

我家的规矩通过一件件小事渗透到孩子的习惯中,而这就是我们家的家风。每个家庭的家风都有所不同,有成文的,也有不成文的,一句话、一个故事、一段记忆都可能成为家风的载体,塑造着家庭的品格,在生活点点滴滴中影响着我们的心灵。

(作者单位:安丘市石埠子镇卫生院)

孝老敬亲合家欢

张玉英

　　家风就像是一棵参天大树，家庭中的子孙世世代代都在她的教化之下成长生息。不同家庭或家族的家风往往各有特色，而我家家风的精髓是尊老爱幼。

　　俗话说："百善孝为先。"我国古代人就十分讲究孝道。比如《三字经》中的黄香，9岁时母亲就去世了，他十分伤心。可是母亲已经不能生还了，于是他决定把对母亲的思念以及爱全部倾注到父亲身上。数九寒天，冷气逼人。晚上睡觉前，黄香先躺在父亲的被窝里，等把被窝暖热了后再回到自己冷冷的被窝里。这就是著名的"香九龄，能温席"的故事。这个故事让我感受到了古人对自己父母由衷的孝敬。这种孝敬同样表现在我的父亲身上。

　　奶奶一共有三女一子四个孩子。我爸排行老三。大姑远嫁到内蒙古，很长时间才能回家一次。二姑和三姑虽在本市，但是因为工作原因，不能常回家看看。爷爷在我六岁的时候就去世了，所以照顾奶奶的任务就落到了爸爸和妈妈身上。打我记事起，邻居家的长辈就夸我爸妈十分孝顺，羡慕奶奶有个好儿子、好儿媳。

　　我爸是一位普普通通的农民，从小在农村长大。虽没有多大的本事，但勤勤恳恳，本分务实。尤其在照顾奶奶上，爸爸绝对是我学习的榜样。记得我上初中的时候，有一年秋天，奶奶的鼻炎犯了。刚开始以为简单的感冒，打打针，吃点药就好了。可是没过几天，奶奶的情况越来越糟,在床上躺下就起不来了。情急之下,我爸半夜里把奶奶送到医院。医生诊断后说是鼻窦炎复发,幸亏送得及时,不然炎症会在脑部扩散,后果不堪设想。爸爸听完诊断结果后,拽着医生问怎么治,需要他做些什么。我当时在门诊台前等候,从侧面看到爸爸脸上的汗珠在一颗颗往下滴。那种紧张的表情,在灯光的衬托下分外鲜明,让我也感到了莫名的恐慌。就这样,奶奶打着点滴一晚上昏迷,爸爸在床前一晚上没合眼。第二天上午十点左右,奶奶才渐渐醒过来,看了看周围的人,一脸惊讶地问:"我这是在哪?"看到奶奶醒了,周围的人都长长地舒了一口气。可是爸爸却哽咽着说:"没事,你儿子在这呢,到哪咱都不怕。"听见爸爸说这句话的时候,我借着上厕所之机,留下了感动的泪水。那一刻,我为奶奶高兴,她有一个孝顺的孩子!我也为我自己高兴,因为我有一位值得尊敬的父亲!后来奶奶知道医生要她住院观察一周后再决定是否出院。可她心疼钱,坚持让医生开好药回家治疗。回家后的第一个晚上,爸爸不放心奶奶,隔一段时间就到奶奶屋里去看看她怎么样了,问她渴不渴,要不要去厕所,时刻注意着奶奶的病情变化。第二天,爸爸又拖着疲惫的身体去干活。下午回到家,第一件事就是问奶奶今天感觉怎么样。一周之后,奶奶的病终于好转了,爸爸这才放了心。

从小到现在,妈妈的一些做法,也让我对"孝"有了更深刻的理解。多年来妈妈就一直操持家务,既要照顾老人,还得照顾我和妹妹。但妈妈从没有一句怨言,对奶奶十分孝敬。妈妈总是把可口的饭菜单独盛出一些来给奶奶。每次去买东西,总会先问问奶奶需要带什么东西。每到这时,奶奶总是慈祥地说:"你们每天都在家,我啥也不缺。"当家里有什么重大决定时,妈妈总是和爸爸商量:"让咱娘给出出主意。"因此我和妹妹还给奶奶起了个外号,我们家的"诸葛亮"。我没见过妈妈和奶奶吵过一次嘴,或是因为意见不合和奶奶红脸。从妈妈身上,我体会到了,除了做到"孝",还要懂得"顺"。

现在奶奶年纪也大了,更需要人照顾。每次放假回家,我和妹妹一起帮奶奶做饭,有时帮她洗洗衣服,陪她聊聊天,说说学校里的事情。听到开心的事情,她总会笑得像个孩子。奶奶上了年纪睡眠不好。晚上我和妹妹给她按摩脚,每次她都能舒舒服服睡个好觉,第二天精神头可足了。

下班回家,我把包一放,跑到奶奶跟前撒娇:"奶奶,今天又做了好吃的?"她总是抬起头,眯着眼睛笑:"做了你最爱吃的鱼,还是你这个小馋猫鼻子尖!"此时此刻,我一天的疲惫全都消失了,留在心底的是满满的感动和温暖。

"家有一老,胜有一宝。"家中有了老人,整个家就好像有了支柱,有了方向。有机会孝顺老人和被老人疼爱的感觉真好!

(作者单位:安丘市经济开发区小学)

我的姥姥

刘嫔

我深爱的姥姥,已经离开我们快一年了,我很想她!虽然我小时候并不是姥姥带大,但姥姥却是影响我一生的人!

姥姥一生为我们这个大家操劳,从不计较得失。很庆幸她健在的时候,我曾尽可能多地抽时间陪她吃吃饭、看看电视,做些力所能及的事,听她说一说旧时光,欣赏一下她原创的精美手工……后来我有了宝宝,便时常带他一起去姥姥家,让姥姥乐享天伦,让孩子从小就意识到要孝敬老人,关爱老人。直到现在,两岁多的孩子还能记起并清晰描述姥姥给他糖吃的画面,欣慰,满足!这是我能为姥姥做的一点微不足道的小事,也是我认为最有意义的大事。这段回忆是我人生中最宝贵的精神财富,将被永远珍藏。在那里我可以永远做个天真的孩子,听她给我讲课本上学不到的知识。静心细品,姥姥不经意间的话语道出的都是智慧和真谛!

姥姥是中国传统小脚老太太,但她思想开明不迂腐,质朴、勤俭、善良、慈爱、明事理、爱干净……这些都是她的代名词。姥姥虽然没上过一天学,却活得明白。她教会我们怎样做人,做一个怎样的人;教会我们为人处事的哲学,教会我们对爱的执着。她带给我们的永远是感恩,是收获,是最温暖的爱,是满满的正能量。

姥姥年少时正值社会动荡,吃了不少苦,成家后的她把家庭打理得好,儿女培养得正,晚年便安享儿孙之福。她眼里的福是儿孙们都好，这就是她最大的福！时光推移，儿孙们都长大了、成家了、日子也小康了，她却老了，但总是时时处处为别人着想，唯独不为自己想。姥姥特别容易满足，吃什么穿什么从不在乎，每次给她买东西她总会叮叮："别老是想着我，年纪大了什么都不馋，什么也不缺！"她总是想着儿女们都有自己的家庭、工作，都忙，一定不能给儿女添麻烦，姥爷走得早，姥姥就是靠着这个坚强的信念自己生活了近二十年，直到最后！姥姥有多年饮茶的习惯，直到 90 岁的她，都坚持不用别人给她沏茶水洗茶具，每次我抢着去给她倒水，她都会笑着说："不用不用，这点事儿自己还能做！"看到她满是青筋的手颤抖着吃力地拿起水壶，我知道她这么做真的不是因为她身体多硬朗，多有力气！每每做了好吃的去给姥姥送，她都会说："不用不用，你们都忙，我什么都有，自己随便吃点就行。"可真到厨房看看，永远是那些舍不得倒掉的剩饭剩菜！对儿孙们她总是这样客客气气，她生怕自己倒下，成为大家的"累赘"、"负担"。姥姥，您可知道，您一辈子付出了那么多，晚辈们为您做这点事情算点啥！对自己她总是这样凑合。每每看到姥姥那因操劳而驼背的身影，我都会心酸！姥姥最后走得安详平静，她永远把爱和微笑留给别人。姥姥是朴素而伟大的母亲，她爱孩子，但不是溺爱，她默默付出，却不要任何回报！她只要孩子们堂堂正正做人，她只要孩子们都健康幸福！

她曾勤劳上进、孝敬老人，她曾贤惠仁慈、爱护孩子，她对恩人铭记，对穷人施济，苦难时她不低头，富裕时她不骄倨！她就是经典，她的优良品格应该被这个社会弘扬和传承！思念她，就是要正直做人乐观生活，这就是对姥姥最好的报答！作为晚辈也有后悔，后悔在她身体健壮时我还没长大，没能带她出去走走看看，等我工作了赚钱了有车了，姥姥却走不动了……借用古语"百善孝为先，论心不论迹,论迹天下无孝子"来宽慰与我有相同感触的人们吧。

孝道真的是一代影响一代的传承,最原始最直接的就是我们看到的父母与老人们的相处模式,继而形成自己的思想,这便是家风的力量！好的家风就是一所学校,不是教授多少知识而是传递一种品质。还记得小时候,家里有一条羊腿一定是先送到爷爷家,因为爷爷年纪大身体虚弱又爱吃羊肉。后来爷爷生病住院,妈妈每天变着花样做爷爷喜欢的饭菜,因为妈妈工作忙,馄饨、水饺、火烧这些工序复杂的美食,也只是做给爷爷一人吃。我和姐姐有时也馋,但知道就应该这么做。照顾姥姥的最后两年,妈妈还要帮我带孩子,真正过着"上有老下有小"的日子,其中的不易可想而知。但她坚持每天一次甚至几次去姥姥家,风雨无阻。聊几句话,烧一壶水,做一顿饭,收拾打扫,不辞辛苦从没怨言。这便是生命中最宝贵的情谊吧！从妈妈身上我仿佛看到了当年姥姥的影子,看到了家风的延续传承！

不知多少次我暗下决心,牢记教诲,做一个有孝心、懂孝道的人,用心关爱父母,多多体谅父母,用细微的小事来给予父母情感慰藉,以实际行动为孩子树立标杆,让好家风世代相传！最后,希望所有老人都能安度晚年,为人子女尽可能多的陪伴吧,别让等待成为遗憾,别让自己的余生在后悔中度过！

（作者单位：安丘市委宣传部）

不当"法官" 学做"律师"

马进城

我家的家风是:"爱即尊重。"前苏联教育家苏霍姆林斯基说:"儿童的尊严是人类心灵里最敏感的角落,保护儿童的自尊心就是保护儿童的潜在力量。"孩子脆弱而敏锐的心灵,需要成人的细心呵护和理解。若把儿童看成不懂事的孩子而任意批评、指责,他的自尊心就会受到伤害,孩子也就容易产生自卑的心理,进而退缩、紧张,甚至憎恨,久而久之就会产生敌对情绪。

那是儿子 6 岁的时候,他已学美术一年多了,我准备让他继续"深造"。经别人介绍,来到一家教育机构咨询。老师非常热情,答应我们可以试上一次课。

儿子满怀信心,一走进教室就彬彬有礼地与老师打招呼。这节课老师让孩子们画小狗。我自信地想:"放心,以前画过的,儿子,加油!"第一节课下来,我一看,儿子在大大的一张纸上画了两只可怜的小狗,偌大的纸上大概占六分之一版的样子。于是我鼓励他大胆画,把小狗画大些。第二节课快要下课时,美术班的刘老师把他的画给我看。只见儿子又画了两个比刚才只大一点点儿的小狗。刘老师放下画,走出教室对我说:"你儿子画得很精致、很活泼、很小巧。"身边的一位家长则说:"你儿子画了四只刚满月的小狗,挺够意思的。"

听后,我真是哭笑不得。但是我深知,要保护孩子的自尊心,就需要在细微处下工夫。所以,我装作很满意的样子,对儿子说:"老师夸奖你画得不错,下次肯定会画得更好!"

原本怯生生的儿子,听到了我的称赞,立即恢复了平日里的生机和活力,一蹦一跳地和新认识的同学玩去了。

其实,我非常不满意儿子那堂课的表现,想起我的家风,还是平静地回到家里。我非常想听儿子的解释。但是我还是首先肯定儿子的表现,适应新环境较快,结识了一些新伙伴,小狗画得很精致,如果能画大一些,就更漂亮了。他告诉我,开始时心里挺害怕的,以前都是女老师教图画课,今天是新学校,又是一位男老师,所以就画成这样了。

儿子的话虽然表达不准确,但是我敢肯定他说的是心里话。不过我发现,他画画确实很怕出差错,怕被批评。古人云:"数子十过,不如奖子一长。"我一定要按照我的家风"爱即尊重"处理好这件事。我鼓励他,让他知道,妈妈对他的努力很满意,妈妈也喜欢他绘画的专注精神,至于是否得名次,是否受赏识,妈妈是不在意的。他听后,愉快地点了点头,然后又一蹦一跳地玩去了。

看着孩子远去的背影我开心地笑了,亲子关系融洽了,儿子更加热爱画画了。

这件事引发我深思,培养孩子的自尊心一定要父母共同努力。孩子的成长动力,来自他内心的体验,而不是与他人比较的结果。

爱即尊重,父母对待孩子,就应该向律师学习,小心呵护自己的当事人,充分了解幼小心灵的内心需求,始终以维护其合法权利为要出发点。而了解孩子的第一要诀是呵护其自尊,维护其权利,成为其信赖和尊敬的朋友。

(作者单位:安丘市大汶河旅游开发区担山小学)

与人为善篇

宽容,便会拥有整个世界

高秀珍

无规矩不成方圆,失家风难以教子。润物于无声处,传训在每代间。

——题记

看着儿子一天天长大,为人母的那份成就感整天缠绕心间:育儿,琐事的烦恼时时有,但更多的是喜悦和收获!

还是儿子平常放学回家的时间,还是很期盼地站在家属院门口等儿子从校车里高兴地雀跃而出。虽然冬风时时钻进脖子里冷飕飕的,但此时的我,心里还是满满的欢喜。从镇里转到县城工作快半年了,我早已经熟悉了这里的生活。可是对小学三年级的儿子来说,转学却让他多少有些不适应。特别是生活环境的改变,总不能让他很畅快淋漓地玩耍。特别是开学第一天三个小时的“走失”,作为妈妈,我着实揪心过。可随着近期儿子的努力,情况发生了明显的好转,我的心里有说不出的高兴。他的班主任上个星期还打电话来表扬孩子在班内的积极表现……高兴归高兴,心里还是有些不踏实。这不,每天放学等他下车,跟他一起进家门,就是想帮儿子在心理上尽快适应城里的生活。

一个,两个,三个……直到最后一个小朋友从车里跳下来,还没瞅见儿子。司机师傅也已经急急地招呼着其他小朋友走了,都没来得及看见站在路边的我。我正焦急着呢，不经意从反方向的远处看见儿子，哭哭啼啼地从路边走来，还时不时用棉袄袖子擦拭着眼部和脸部。我的心不禁一下子紧了起来。

这时，电话响了，一接，电话那头传来了校车司机的声音："嫂子，对不起了，今中午放学坐车时，跟您儿子开玩笑开大了，不小心他的脸被车门框刮破了点皮。他执意要自己走回家，我打电话告诉你一声……"说完就挂断了电话，这边嘟嘟声还没完呢，儿子就走到跟前了。我快步上前，一看，我的天啊，儿子胖嘟嘟的脸上有鸟蛋那么大的淤血块，上面混杂着泪水，血糊糊的。我吓了一跳，一把抓住儿子的双臂，急声问是怎么了。儿子放声大哭，竟跑到刚刚停放的校车旁，猛踢车身。我一下抱住他，听他断断续续地向我讲述了事情的原委。

"什么开玩笑，近三十的人，伤到了孩子还说开玩笑；从车上把孩子推下来，还说是孩子自己执意不坐；把脸都蹭出血了，还说刮破了一点皮……"想到儿子冒着寒风哭着走回家，脸部还渗着血，我的心一下子碎了！我一边领着儿子到卫生室包扎，一边给老公打去了电话，要他马上回家找校长理论此事，为儿子讨个说法。

老公问清了事情的原委后，缓缓地说："得饶人处且饶人，先给儿子上点创伤药，其他的事我回去再说。"临了，还加了一句："说不定这是件好事。"我就纳闷了，儿子受伤了，做父亲的不急，还说是好事！你不找，我找！看我不让你这小司机走人！我刚要拨上校长电话，猛然想起了日常跟老公闲聊时的事：因为上辈子的恩怨，生活在老家的公公宽容待人博得有成见的邻居尊重的事。我犹豫了："等你回来就等你回来，看你怎么跟儿子交代。"心里痛痛的，恨恨的！

老公也是急急地赶了回来。一进家门就冲进儿子房间，轻轻掩上了门。很快,屋里就传来儿子痛快的哭声。还有老公的细语:"儿子,使劲哭,发泄出来就好了,毕竟不是你的错,只是别让眼泪伤着你的脸。"哭声小了些。"儿子,车,我们一定要坐下去,但今天下午我们不坐,证明我们的确没错。"屋里没有了哭声,只有轻微地啜泣。"我们不找任何人教训司机,你要自己来。""怎么来?"啜泣声也停止了,从房间里传来儿子期待的声音。"你想,如果因为这样一件事情,让司机叔叔好不容易得来的工作丢了,全家没了收入,对他对我们都没有什么好处,还加深了彼此之间的矛盾。一个小区住,抬头不见低头见,多不好意思。相反,你原谅了他的这次失误,他会感激你的。老爸教你一绝招,明天你一定微笑着坐车去,坐车回,不再去理会这件事,以后你会真正明白其中的道理的!儿子,我的好儿子,加油!""没问题,老爸!"屋里传出爷儿俩庆祝胜利的击掌声还有儿子稚嫩的"耶"!

去年,儿子考上山大威海分校,我给他整理旧书时,一页泛黄的纸从儿子的课本里掉出来。上面用钢笔工工整整地写着八个字:海纳百川,有容乃大。日期是 2007 年 12 月,正是那年儿子被刮破脸的冬天。拥有了宽容,你便拥有了整个世界!儿子继承了老公宽容待人的家风家训,我的心情也早已走出了那年的冬季。

（作者单位:安丘市职业中专）

忠厚传家

刘京富

自打我记事起,每年春节,我们家大门上张贴的春联一直都是这样一幅字:忠厚传家远,诗书继世长。

春联最早是爷爷写的,写春联是爷爷的拿手戏,这"门对"也是他的最爱。爷爷的楷书毛笔字形体方正平直,笔锋刚劲有力,人见人赞。乐于行善的爷爷不单为自家写,还应左邻右舍的邀请,提着笔墨砚瓦登门,热心给他们书写。

后来,爷爷写春联拿不稳笔了,父亲就接了过来。父亲写的大门"门对"内容跟爷爷的一个样,只是字形变得更加富有新意。父亲是村里的文化人,尤其写得一手好毛笔字,人又勤快好用。那时,山村里识字的人不多,会写毛笔字的则更少。于是,一进腊月门,父亲便进入书写的旺季,我们家变得像赶集一样热闹,村里人都来我家请我父亲写对子。每当见有人来,正在聚精会神忙着书写的父亲会停下手里的活儿,微笑着直起身,边跟来人打着招呼,边双手接过对子纸,继而腾出右手,小心翼翼地拿起搁放在砚台上的毛笔,在纸张的背面用笔尖工工整整地书上户主的姓名……送走来人,父亲又回到座位上,继续他那没书完的"作品"。父亲的春联之所以受欢迎,除了字体好看出手快之外,他会根据各家的爱好特点,编写出对仗工整、简洁精巧、朗朗上口的文字,给即将到来的新年增添更多喜庆的气氛。父亲给人写春联还有一个特点,那就是无论接到谁家的活儿,写好后定会亲自送回户主家,省了邻舍不少的时间。对于村里的五保户和困难家庭,父亲都是用自家的对子纸面对写好后送给他们,有的还要亲自帮他们贴在门窗上。面对父亲的举动,我曾经不解地问:"到底图个啥? 工夫且不说,光是写春联搭上的纸和墨两项,每年就要花费不少钱,这在生活困难的年代里能置办好几样年货"。父亲说:"帮人得福,吃不着亏啊。我就是多喝了几年墨水会写几个字,现在人家上门来求,对咱来说是手到擒来的小事。你们要从小养成勤于学习、乐于助人的良好习惯,等长大有出息了,也不要忘记为人处事的原则,那就是要堂堂正正做人,踏踏实实做事。"

先辈们豁达忠厚的家风不光说在嘴上,写在纸上,贴在墙上,更是身体力行,率先垂范。父亲是全村公认的好人,他在村里任文书多年,为每家每户做过的好事数不胜数。哪怕是过路人,只要有求于他,他都会欣然答应,力所能及地帮忙。他也是位称职的儿子、丈夫和父亲。在我的记忆中,他没跟人吵过架、红过脸,没打过我们一巴掌。即使我们有时犯了错惹他生气的时候,他也只是瞪瞪眼睛,教训我们几句罢了。我们童年的节假日,基本上是在劳动中度过的。记得有一次麦收过后,弟兄几个跟父亲一起去锄麦茬。因为天气热又太费力气我们都不太想干了,纷纷攘攘着要回家,任凭父亲好说歹说就是不听。父亲终于忍不住了, 说了句一语双关的话让我今生难忘。他恨恨地说:"割了麦子锄了草没有伺候蝼蛄的(蝼蛄,一种会飞能爬会钻地的虫子,啃食植物根茎,农谚有'禾苗怕蝼蛄'一说)。"我们几位张口结舌,顿时无语。我们家里珍藏着一个小本本,里面记录着每一笔外欠账。父亲病重那阵子要去大医院做手术急需钱,母亲说去催一下外债。父亲摇摇头,"都是老少爷儿们的,人家来送咱就收下。没来送的说明他们有难处,咱不能去人家门上要。"难怪村里人这样称赞父亲:"积下深福厚德,必将荫蔽子孙。"

根深枝自茂,源远流自长。我们兄妹九个闻着墨香,听着父亲教诲长大,如今已在不同的岗位上工作了三四十年。有了自己的子孙,虽说工作上都没有大的建树,但也没给家人丢脸。一个五六十口人的大家庭,没有一人违过纪犯过法留有"污点"。天下之本在国,国之本在家,家之本在身。跟父辈们一样,我们兄妹将一如既往地传承好家风,教育和带动子女做对人民、对社会、对国家有用的人。

（作者单位:安丘市凌河镇党委）

吃亏惜福

李玉芹

自小爷爷就教导我们"吃亏惜福"。他常说："吃亏决不亏，惜福才有福。"小时候在外面被人欺负了，爷爷总是说"吃亏惜福"，不让我们去计较。"吃亏惜福"伴随爷爷的一生。爷爷秉行这一信条，确实也没有吃什么大亏，倒是往往因祸得福，赚了好名声，一生平平安安。

"吃亏惜福"这一家风，是有渊源的。我的祖上是辉渠镇李家沟村人，于十九世纪八十年代到雹泉村定居。当时辉渠镇夏坡村的翰林家在雹泉村置了地，到李家沟找本家人种菜，提供翰林家。当时李家沟的人大都不愿意去。我曾祖父的父亲不知出于什么原因就到了雹泉村。初到雹泉村创业委实不易。一个外来户子、和一般过日子的平常人家倒还好相处，难缠的是一些地痞、流氓、泼皮破落户。他们没有房产，甚至没有家口，因而便毫无顾忌地耍流氓。我曾祖父的父亲盖了三次房子才告成功。上两次都是刚刚盖好，就被一流氓放火烧了。烧了后，那人还在当时院子里的井台上肆无忌惮地睡觉。我曾祖父的父亲还是忍了再忍，一次次地给那人钱，第一次、第二次那人都嫌钱少，直到第三次才作罢。

种菜是离不水的。当时置的地里是有井的，因为一般土地买卖原则是井随地的。但这一卖地的人家硬是不讲道理，说井是他们家不能和地算在一起，不让使用。我曾祖父的父亲要用，需要再拿钱买。我曾祖父的父亲便想息事宁人，买下来，但那人家又只租不卖了。没成想这事传到了夏坡翰林家，翰林家不依了派人，告诉那户人家："地是我们的地，请您把井挪出去。"硬逼着他们挪井，那家子一看来了个硬茬，最后没的说了，只好赔礼道歉。从此以后，便没有再敢打我们家的主意了。清朝晚期，政府腐败没落，卖官鬻爵成风。为了长久大计，我的祖上于二十世纪初花一百块银元买了一个顶子，也就是个清廷低级官员头衔。从此以后也就更没人敢欺负我们了。

我的祖上生活一向低调，秉行"吃亏惜福"，与四邻和睦相处，乐善好施，周济贫困人家。在当地人缘甚好。记得我爷爷曾经给我讲过他小时候和我的曾祖父一起看南瓜的故事。所谓看，只不过是做个样子而已，那些实在穷的吃了上顿没下顿的，不偷又能怎样？一个月夜，曾祖父听到了狗叫，便对我爷爷说："你去看看，不要嫌，帮他多摘几个。"我爷爷一看是后街的王老大，就说："大爷，我帮您摘。"完了，还帮他背上背篓。我的祖上不仅不欺贫，而且最大限度地维护他们的尊严。他们认为，不是实在没有法子，谁又愿意晚上去偷人家的东西吃呢？如果没有尊严，白天来抢好了。每到年关，我祖上便打开柴园子，让村里的贫困的人家来挑柴，米、面也分一些给他们。

上世纪七十年代，我小的时候，家里生活是相对较宽裕的。平常饭是煎饼，也时常有白面吃。我的亲戚有一些过得很穷，常常揭不开锅。我记得有一年夏天的晚上，我们一家子在院子里吃饭，一个论辈分我叫老姑的人来借粮食，坐在我们的桌子旁就吃了三个煎饼。

当时新玉米还未下来，我们家也没有多少粮食，但我母亲还是奉了父亲的命令，从盛玉米的大柜子里把仅有的玉米分给了她一篓子。我记得，他们一家后来生活也宽裕了，也一直未还给我们。但是，我们之间的交往一直延续了下来。我那老姑的丈夫和儿子都是乡医，他们一家生活宽裕了,对我家照顾有余。"人在危难的时候,照顾一下理所应当,讲什么吃亏赚便宜?"这是老一辈家人常常教导我们的。

在平常生活工作当中,愿意主动吃点亏,为亲人、为朋友、为同事、为单位,甚至为素不相识的人做些力所能及的事情,有时只是举手之劳,有时可能花费点时间,有时也可能在经济上会有点小小的损失,但是,由此得到的却是别人的尊重。

这就是我的家风——"吃亏惜福"。

(作者单位:安丘市第一中学)

淳朴家风 育我成长

韩成慈

父辈那一代人生逢乱世，历经生活的颠沛流离和酸甜苦辣，更懂得对新生活的珍惜。父亲勤劳善良，对我们子女的教育却严肃苛刻。他给我们留下的家风是：与人为善，乐于助人。

1937年，日寇铁蹄践踏中华大地。一时哀鸿遍野，大量难民逃离家园。后来，日本鬼子侵犯我们安丘，当时驻扎在安丘县城南大屯。他们烧杀抢掠，无恶不作。在逃难过程中，父亲救过一位老人。当时那老人年事已高，行动迟缓。为防鬼子追杀，父亲不顾危险把他藏在一个柴火垛里，事后老人感激不尽，现在我家和老人的孙辈还交往着。

1946年11月，解放安丘的"一一五"战役打响。当时父亲在1000多人的支前队伍中。战场上硝烟弥漫，炮声隆隆，他冒着敌人的炮火运输物资，抢运伤员。战斗打得非常激烈和残酷，我们的部队伤亡较大。迫于战事紧张，部队规定：牺牲的战士就地掩埋，战后再予以厚葬。父亲和担架队的同伴忍着饥渴，不怕牺牲，来回穿梭在火线上，一整天下来非常疲惫。在抢运伤员过程中，他们发现一个近乎奄奄一息的重伤战士。虽然军医说这战士伤势太重不可能生还，但因为发现他还有一丝气息，父亲和同伴一直守护着他不忍心丢弃。直至大约3小时后他慢慢闭上双眼，父亲和同伴才含泪把它掩埋。

父亲和同伴的举动体现了对战士的无限热爱和对生命无比尊

重。每当听父亲谈及此事,我就仿佛看到了茹志鹃《百合花》中新媳妇把绣着百合花的被子盖在年轻的牺牲小战士脸上,还看到了《巍巍昆仑》中毛主席桌上的那一碗百姓用麦种做成的热气腾腾的面条……那是一幅幅军民鱼水情的生动画面啊!

后来,父亲成了安丘市铁门联合厂(后更名为安丘市木器厂)的一名工人。新中国成立后,百废待兴。那时年富力强的父亲满怀豪情地投身到火热的社会主义建设热潮中。在工作过程中他依然热心助人,团结同志,多次被评为道德标兵和劳动模范。

"随风潜入夜,润物细无声",良好的家风像春雨一样滋润着我的心田,潜移默化地渗透到我的人生观和价值观中,成为指引我人生的路标。

参加工作后,我始终保持父亲传承下来的家风——与人为善,乐于助人,并把它作为一种为人处世的基本规则,而这也让我处理人际关系的时候,更加豁达和从容。

家庭环境和社会环境是紧密相连的,清正的家风也会在一定程度上影响到社会风气的变化。我坚信,做到"与人为善,乐于助人",就一定能形成良好的人际关系,使我们的社会更加和谐美好。

(作者单位:安丘市第二中学)

与人方便 与己方便

王庆德 辛国俊

小时候,父亲经常教育我说:"当你用完某件物品的时候,记得一定要把它放回原处。这样别人用的时候就会顺手拿到,而不会因为四处寻找耽误时间。同样,当你下次再用的时候也会很方便地找到它。"

今年1月22日,安丘下了入冬以来最大的一场雪,第二天气温更是降到了零下20℃。早上醒来,我在被窝里隐约听到外面沙沙的扫雪声。一定是父亲早起来了。我极不情愿的穿衣下床,刚推开门,一股寒冷的气流扑面而来。我真想马上钻回温暖的被窝。然而,父亲却不在院子里。原来,父亲不仅扫完了自家院子,还把家属院道路上的积雪也扫了。我对父亲说:"天这么冷,你还起这么早来扫雪,小心冻得感冒了。再说,光扫扫自己家的雪就好了,你干嘛还要扫这些!"父亲说:"扫哪不是扫? 这条路不光别人要走,一会儿你上班也要走。既然都要走,为何不把它扫干净,方便大家呢? 做人不能只想着自己。"父亲的话让我无地自容。

中国有句俗话:与人方便,与己方便。利人才能利己。人人为我,我也为人人。只有大家真诚相待,互相服务对方,形成良性互动,才能营造一个和谐的社会。相反,如果都从自己的利益出发考虑问题,互不相让,就如同两个在独木桥上相向而行的人,结果要么对峙,要么一方落入桥下,得不偿失。

有这样一个故事：一头驴驮着沉重的货物，气喘吁吁地请求一匹马："帮我驮一点东西吧，对于你来说，这不算什么，对我来说却可以减轻不少负担。"马不高兴地回答："凭什么让我帮你驮东西！"不久，驴累死了。主人将驴背上的所有货物加在马背上，马懊悔不已。这个故事说明：帮助别人，就是帮助自己；与人方便，就是与己方便。

每次和父亲去超市买完东西结账，父亲都会把购物车或购物筐放到指定的地方。看到有的人把车子、筐随手就扔下了，我有时也觉得父亲这样做太麻烦，毕竟超市有专门回收购物车或购物筐的工作人员。有一次，我把这个想法跟父亲说了。父亲回答说："其实我们这样做，并没费多少事，而且也是为了方便自己。你想，如果大家都把车子随手一扔，大家购物走起路来就会很不方便，我们来购物的时候，还要四处去找车子，也不方便。超市当然可以安排专人来做这件事情，但是一方面他们可能忙不过来，另一方面做这样的事情的人多了，超市的成本就会增加，东西也就会贵一些。我们顺手把它放回去了，并没费什么事，方便了自己，又方便了别人。这样的事，我们何乐而不为呢？"

我们的祖先在造文字时，就赋予了"人"字深刻的含意。"人"字由一撇一捺组成。一撇代表自己，占主导地位；一捺代表他人，包括亲人、朋友、同事及社会上的其他人，属配角。这一撇一捺，结构简单，却是个合理的支撑。一撇再长，没有一捺，无论如何也撑不起一个"人"字。这一捺虽短，作用却不可低估。这个字告诉我们，一个人再有能耐，没有他人的配合、帮助、支持，就会一事无成。当今社会，人与人之间是一种互助的关系，你对人多一份理解、宽容、支持和帮助，那么别人也会善待和帮助你。我们所从事的事业，我们所做的一切工作，其实也是一项系统工程，不仅需要自身的努力，还需要与他人协作。当我们在上坡路上拉车时,总希望能够有人帮忙推一把。同理,在别人拉上坡车时,你就应该主动上去推一把。

赠人玫瑰,手有余香。在我们的现实生活中,给别人"让道"的同时,也是给自己"留路",方便了别人,别人自然也就把方便留给自己。在夜晚开车时,将刺眼的远光灯换成柔和的近光灯,既是为对方着想,也是为自己消除安全隐患。与人方便,虽然意味着舍弃和付出,但也会带给我们一份意想不到的惊喜。

爱默生说:"人生最美丽的补偿之一,就是人们真诚地帮助别人之后,同时也帮助了自己。"我们在帮助别人的时候,也就是在帮助我们自己。与人方便,就是与己方便。当你心中想着别人的时候,别人自然也把方便留给了你。如果我们大家都能勇于奉献自己,乐于成就他人,那么互帮互助就会成为一种社会风气。人人为我,我为人人就会成为一种行为准则。我们的城市、我们的社会就会变得更加文明、和谐和更加美好。

(作者单位:安丘市经济开发区计生办)

我的父亲

赵晓亮

在大多数人的印象中，母亲常常是慈爱的面容，而父亲却是一脸严肃的样子。在我的记忆里，父亲就是这样的人。

儿时我总是怕父亲，感觉父亲脸上很少有过晴天。年幼的我们还总拿父亲和祖父比，觉得祖父总是那么和蔼，而父亲却总是那么严肃。在父亲的严格管理下，我们几个孩子很少打架，也不与街巷邻里小孩打闹。记忆中父亲少有言传，但身教却是历历在目。

年轻时，父亲当过兵。父亲为人勤快，动手能力强，每年都被评为先进。退伍回到家也片刻不闲。家里有什么工具坏了，父亲都是自己修理。虽然没有学过，但父亲动脑又动手无师自通，修凳子，修自行车都很在行，干得满头大汗，有时划破手指也不吭声，按住伤口，继续把东西修好。

在我的记忆中，没有看到过父亲流泪，也少有抱怨。在任何艰难环境下，他都能达观地坦然面对，但也难得一笑。

在孙辈降生后，不知不觉父亲严肃的脸渐渐变了，眉眼嘴角常常溢出和蔼慈祥的笑容。我们忙于上班，小孩大多放在父母家。年龄不等的小孩聚在一处，烦闹可想而知。父亲变得出奇的耐心，晚上睡觉和孩子们挤在一起，天热替他们搧蚊虫，天冷捂暖他们的小脚丫，清晨带他们去晨练。

早些年每年家中的春联都是父亲书写。小年前父亲买来红纸裁好,紧握毛笔,非常工整地书写好每一副对联。父亲没有学过什么体,写的字也显得有些硬拙,但从头至尾很规正,就如他一贯为人处事的厚道本分。父亲写好春联,熬好浆糊,从长至幼到每家贴春联、贴福字。春去秋来,随着年岁增高,父亲写春联,儿孙贴春联。再后来,父亲买好春联,送到每家,看晚辈贴。

我很喜欢看父亲祥和的笑脸,看着这笑容,烦心事都能化解。我觉得这不仅是人的貌相之美,也是人生之美,人生观之美。人生是一串由无数小烦恼组成的念珠,达观的人是笑着数完这串念珠的,我的父亲就是这样一个达观的人。

近日偶遇一位老干部,闲聊时得知他竟是父亲当年的战友。老人欣喜地握住我的手动情地说:"你爸爸是部队公认的厚道人、好人!"良久,他还在回忆与我父亲相识共事的难忘岁月。这对我触动颇深。正如老子在《道德经》所言:"不失其所者久,死而不亡者寿。"只做好事,不做坏事,坚韧、正直,达观!这是父亲坚持的原则,如今也成了我的家风,深深地铭刻在我的心里。

(作者单位:安丘市凌河中心卫生院)

爷爷让我明白的事情

吕方涛

1993年3月12日，爷爷永远离开了我们，去找一年前先走的奶奶了。时间过得真快，一晃20多年过去了，我已经从一个蒙昧的少年，变成了头发斑白的中年人。然而，爷爷和奶奶的音容笑貌永远留在我的记忆深处，陪伴我度过人生的每一天。

从我记事时起，就觉得父亲和母亲一天到晚都很忙，很少见到他们的面儿。培养哥哥和我的工作，大多是由爷爷和奶奶完成的。爷爷和奶奶就是我们童年的"守护神"！

记得我上小学一年级的时候，有一个星期天，我的同桌到我家玩。刚好家里没有大人，哥哥也出去玩了。我们先是看了会儿小人书就到院子里玩。这时候同桌看到了我家东邻的一棵大梨树，上面结满了黄澄澄的梨子。

"肯定很甜吧？"同桌流着口水说。

"是啊。上年下梨时他们给了我家一小筐，我吃了两个，真甜。"我回忆着，嘴里也满是口水。

"咱摘几个尝尝吧。"同桌建议。

"这是人家的东西，再说我家里人也不让偷人家的东西。"我拒绝了。

"我去看看他家里有没有人。"同桌不等我同意就蹬蹬蹬跑了出去。

"大门外锁着，没有人在家。"同桌兴奋地说，"咱摘几个吧，反正没有人看见。再说，我来找你耍，你总得给我点好吃的吧。"

经过同桌软磨硬泡，我就答应了。

我们两个爬上墙头，很顺利地摘了两个黄澄澄的梨子。吃了后，不过瘾，又上去摘了两个。吃了还不过瘾，干脆又上去摘了四个，一人两个。

同桌高兴地走了。我看着梨子明显见少的梨树，心里有些害怕。那时候，梨子是稀罕物，不像现在，在市场上一年四季都有卖的。

事情过去了好几天也没有动静。肯定是邻居家没有发现。下梨时邻居家还是照例给了我们一小筐，我也就放心了。

就在我暗暗窃喜以为躲过去了的时候，爷爷的一席话又让我一下紧张起来。

"你们两个小东西，谁摘邻居家的梨来？"爷爷问。

我只好承认了。

"呵呵，接待客人应该。但是不能拿人家的东西。以后，记着啊。"

"记住了，爷爷。"我向爷爷保证，心里充满了后悔。

爷爷点了点头，没有再说什么，提了一篮子刚摘的西红柿去邻居家了。

"我家二小子接待同学，摘了你家的梨，和你说说啊。"那边传来爷爷爽朗的声音。

"瓜果栗子枣，见了下口咬。这有什么啊？"邻居的话，彻底让我放下心来。

回来后，爷爷摸了摸我的头说："不经允许，不要随便动人家的东西！"我郑重地点了点头。

以后，我再也没有拿走过不属于我的东西。这是对爷爷的承诺，也是对爷爷的纪念。

还有一件事情，在我的记忆里挥之不去。那是上世纪八十年代中期。一小部分人先富起来的号召，让我一个族里的大伯热血沸腾，他决定建一个工厂，孵化小鸡。由于爷爷在家族中很有威望，大伯到我家来征求爷爷的看法。

那是一个下午，我刚刚放学回家。大伯捎着一块豆腐，夹着一瓶白酒来到了我家。奶奶用大伯捎来一块豆腐和着大葱拌了一大盘，又炒了两个青菜。爷爷和大伯两个人边喝酒边交谈。我在西间做作业听到了大人们的对话。大伯说要开个孵化小鸡的工厂，已经贷了5000块钱的款。爷爷则建议大伯先去跟着人家学学再干。大伯说很简单，边干边学就行。

"这样不行，这不是打二两油，买棵菜。投进五六千块钱，技术掌握不了，打了水漂怎么办？"爷爷坚持自己的意见。

"放心，叔。我都弄明白了，很简单。"大伯好像胸有成竹，端起酒盅和爷爷碰了一下，"来，干了！"一仰脖子喝了下去。

"我知道你一直关照着我，但是这个事我等不及了。叔，我已经订到鸡蛋了。"大伯主意已定。

"唉！"爷爷叹了口气。

当我做完作业，到东间去时，看到爷爷一副忧心忡忡的样子。

大伯两眼放光，好像自己马上就要发财了。

大伯最后没有接受爷爷的建议，工厂仓促上马了。结果是赔尽了本钱，还欠了一屁股债。大伯彻底绝望了，在一个大雨天，上吊自杀了。

听到这个噩耗后，爷爷哭了。这是我见到爷爷唯一的一次痛哭。爷爷要去大伯家，奶奶不放心，让我陪着。于是，我拉着爷爷的手，去了大伯家。大伯浑身湿漉漉的躺在床上，早就没有了气息。

"找身新衣裳给他换上，拿块手巾把头发擦干了。"爷爷指挥着，一只手紧紧攥着我。直到处理好了，才和我回家。

奶奶已经煎了一盘鸡蛋、烫了一壶烧酒等着我们回来。

"这孩子怎么想不开呢？什么坎也能过去啊。"爷爷念叨着，大滴的眼泪掉了下来。

"当时他一门心思要开厂子，又不听我们劝。有什么办法？"奶奶在边上劝说着。

"他父亲临死的时候嘱咐我，让我帮着照看照看他。就这样走了。将来怎么去和大哥哥交代啊。"爷爷很内疚地说。

"孩子大了，我们管不了那么多了。儿孙都有儿孙的活法，你难过有什么用呢？"奶奶说。

那一天，爷爷和奶奶絮絮叨叨地说了很久。那时，我还不清楚生命的意义。但是，爷爷奶奶的对话，无数次的在我的脑海里出现，成了我生命中一个深刻的印记。

爷爷很少对我们提出这样那样的要求，但在临终前，却给在外地工作的叔叔出了一个难题。

"你五叔不容易，独自拉巴着两个孩子，饥一顿、饱一顿的。你得帮帮他，给他的儿子找个工作。最好是去当兵。"爷爷躺在病床上，说出了自己最后的心愿。

"好，你放心吧。这个事我一定办。"叔叔很郑重地答应了爷爷的要求。

那时候，当兵是一件很困难的事。符合条件的人太多，名额有限。叔叔克服了种种困难，最后，实现了爷爷的心愿。

现在，父亲和叔叔年纪都大了，越来越像当年的爷爷。我们的孩子也喜欢围在他们的身边，问长问短，一如当年的我们。

有时候，我在想：将来，我也会像爷爷那样吗？

（作者单位：安丘市公安局城里派出所）

心存善念 以诚待人

刘保华

那是二十年前的秋天，田野里满是收获后的苍凉。懒洋洋的太阳，伴着如薄纱的暮霭，笼罩着这个安静祥和的乡村。村卫生室里，晃动着一个医生忙碌的身影。这个人，就是我的父亲。那时的我刚刚毕业，周末回家，就去了父亲的诊所。当时，他已经行医二十年了。

我倒了杯水给父亲，坐在那里和临床的病友说话。突然，听到了外面拖拉机的声音。人声嘈杂间，几个人快步跑了进来。我站起身，就看到一个人满身是血被扶地卫生室。

那时候，村子西面有个水库。水库里，长着密密麻麻的芦苇。那里是鸟雀们的天堂，也是村民们五月端午采摘粽叶的地方。随着秋风吹过，芦苇渐渐黄了，到了芦苇收割的季节。一些外村的人，就带着工具，开着车，到水库里收割这些可以制作席子和其他工艺品的材料。那个满身是血的人，就是收割芦苇时，不小心被刀具割伤的。多年过去了，隐约记得当时那人伤得挺厉害。

父亲连忙给他做了包扎。止血后，父亲对他说："去医院看看吧。"忘记了是那个人没带多少钱，还是父亲主动给的他。只记得，他去医院时，拿走了父亲的三百元钱。我问父亲："你认识他吗？"父亲说："不认识。没事，乡里乡亲的。"

第二年，他们没有来。

第三年，他们又来收割芦苇的时候，那个人把钱还给了我父亲。

再后来,那个人和我父亲成了朋友。

二十年后的今天,回想起这件事,记忆仍然十分深刻。或许,这就是父亲一直说的,心存善念、以诚待人吧。父亲虽然从来没有对我们兄弟姊妹几个说过什么家训,可是他却用自己的品行,影响了我们这些小辈。

父亲作为一位医生,心存善念,以诚待人的品质,其实也是受我爷爷的影响。我爷爷当年参加战争,在前线浴血杀敌的时候,或许没有想到自己还能活着回来。等他回来,鼓励父亲选择了行医这条道路。或许他是想让我父亲心存善念,用医德和仁心救治更多的人吧。

爷爷影响了父亲,父亲又影响了我们。

发生在父亲身上的这样的事情还有很多,我都不知道如何去一一叙述下来。

当年我们村修水渠的时候,有个青年住在我家的老房子里,我父亲经常去叫他吃饭,后来他们也成了朋友。二十多年后的今天,这个青年已经到了中年,他的孩子,就在我任教的班里。

我参加工作后,回家的时候少了。但父亲的言传身教,却深深地刻印在我心里。走上了教育岗位,我身上也承担起了沉甸甸的责任。面对那些青春朝气的面庞,面对一双双渴求知识的眼睛,我知道,我应该像父亲那样,心存善念,教书育人。

这些年来,我始终热爱每一个学生,尊重每一个学生。刚参加工作时,很多学生家境不好。他们有的人,甚至因为吃不饱,在课堂上晕倒了。我当时就用自己的工资,或多或少地资助这些贫困生。有学生生病了,我都会陪着去医院。往往等到忙完,联系好家长,晚上再回单位时,夜幕早已降临,窗外是万家明明灭灭的灯火。尽管身体有些疲惫,但心里流淌的是却是充实和温馨。

　　父亲是一名医生,我是一名教师。虽然职业不同,但心存善念、以诚待人的道理是相通的。父亲用自己的医德仁心,赢得了患者的认可和敬重;我用自己的爱心真诚,也赢得了学生的认同和尊重。

　　心存善念,以诚待人。不是家训,胜似家训。我想,心存善念,以诚待人,不仅仅适用于我们家,它也是做人的信条。如果每一个人都做到了心存善念,以诚待人,这个社会,就会更美好。

(作者单位:安丘市第二中学)

俭朴勤勉篇

仁厚家风润莲池

曹有志

据族谱记载,安丘名门曹氏,自明朝初期迁居至安丘东南方向的石堆镇大莲池村,距今已有六百多年的历史。明清两朝,曹氏一门共培养出进士8人、举人12人、贡生291人,先后有61人出仕为官。曹氏家族"读书人"的繁荣昌盛得益于仁孝廉俭、崇文重教的优良家教门风。族人们也以传承门风、不坠家声为己任,砥砺前行,勇于任事,与时俱进,成就了家族的长期兴盛!

曹氏家族八世祖曹一凤,是曹氏第一代进士的代表人物,他立《宗说》,定家规,警戒后辈:信朋友、顾贫穷、恤孤独、崇谦逊、尚节约、慎言语,培养仁厚之风。曹氏后人恪遵祖训为人处世,涌现出大批清官廉吏,其中比较有代表性的当属第十四世的曹锡田。

曹锡田,字建福,号琴舫,安丘东关村人,生于乾隆四十三年,卒于咸丰十年,享年83岁。

曹锡田自幼勤奋好学,嘉庆九年乡试考中甲子科举人,嘉庆二十二年中丁丑科进士,被嘉庆皇帝诏命为湖北省巴东县知县。巴东县濒临长江,是个鱼米之乡,老百姓多以打鱼为生。曹锡田到任之前,那里有个不成文的惯例,就是新任知县上任,各船埠要集资赠送财物,欢迎新官上任。曹锡田一到任就下令禁止了这一陋习。不仅如此,他还革除了许多不合理税收弊政,减轻了渔民的负担。为了方便渔民诉讼,曹锡田在江边结排连筏,架设帷帐,名之为"帆下琴舫",

在里面接受状子，为百姓决断狱讼。于是在巴东的江边常常出现这样的情境：黄昏夜静之时，在稀疏的芦荻蓼花丛中，渔火明灭，隐隐从"帆下琴舫"中传出对簿公堂的审案之声，外面万艘渔蓬，倾听判词，无不心悦诚服。曹锡田还常常乘卧篷船出巡，沿路听断，案子不分大小，甚至老人、妇女、儿童的口舌之争，都一一为之调解决断。每当夜深吏散，曹锡田则在明月下泛舟江中，击棹为节，悠然吟唱，与渔民短笛渔歌相应答，怡然自乐。曹锡田所写的诗集名之《琴舫集》，可见他对于民生民情的关注和用心。

任巴东知县期间，曹锡田布衣粗食，生活俭朴，清正廉洁，两袖清风。数年后，他接诏改任湖北兴山县知县。临行时，曹锡田仍保持了他一贯低调行事的作风，不惊扰百姓，与家人带着简单的行李就直奔码头了。可是等他到了码头，却发现那里早已经站满了送行的百姓。老乡们一看曹锡田清寒的行囊，更为他的廉洁感动。大家知道曹锡田不会收取任何的财物，所以只赠送了一块颂扬他廉洁奉公的匾额，上书"琴舫秋水"四个字，颂扬曹锡田为官清廉如水。老乡们问曹锡田："曹大人治理巴东多年，最喜欢这里的什么特产啊？"曹锡田随口说："我最喜欢咱们这里的草鞋和东山上的那块卧牛石。"告别巴东父老后不久，曹锡田就厌倦了官场倾轧，弃官归家了。

回乡后，曹锡田杜门谢客，只以吟诗作赋，怡情乐性。谁知一年后，卧牛石与草鞋就运到曹锡田的家门。这块卧牛石长 3.4 米，宽 1.02 米，高 1.2 米，重约 6 吨，灰色的石灰岩石质，酷似一只卧睡的大公牛。湖北巴东距山东安丘有千里之遥，在当时的运输条件和道路状况下，这一运输工程的完成真是堪称奇迹！由此可见巴东父老对曹锡田的敬爱之情。曹锡田为自己随口说出的一句话懊悔不已，但同时也为巴东父老的心意所感动。他收下了卧牛石，把它放在自家花园内,并亲题"小巫峡"三个字,镌刻在石头上,以表示不忘巴东父老们的一番深情厚谊。

　　曹锡田与卧牛石的故事,在当时被传为佳话,一直流传至今。这块卧牛石也作为这一故事的见证,为历代文人墨客所欣赏。现在石上镌刻着多处题字,如"天水一色""有扶鳌之力""以云水心结名士缘""峡江牧人粹笔""鲸云"等,寄托着人们对曹锡田高尚人品的赞赏。现在这块卧牛石存放在安丘市博物馆内。它见证了几百年的世事变迁,无声地向人们诉说着一个官民鱼水情的动人故事。

　　　　　　　　　　　　(作者单位:安丘市石堆镇大莲池村)

我家的"传家宝"

赵兰山

家风是一个家庭或家族主要精神、作风、品质的体现,是无声的教诲、无言的嘱托、无痕的传承。家风就是"传家宝"。而我们家的"传家宝"可以概括为四个字:勤俭持家。

小时候爷爷经常对我说:"饭要自己吃,地要自己扫,路要自己走,自己的事情要自己做。"爷爷的教育,让我从小懂得自立。从上幼儿园的时候,我就学会了管好自己。每天闹钟一响,我就会自己起床、穿衣服、洗脸、刷牙,不上学的时候还会主动帮爷爷奶奶择菜、扫地做家务。

"勤是摇钱树,俭是聚宝盆",这是奶奶经常挂在嘴边上的一句话。小时候奶奶给我讲故事时,有时会说到以前家里穷,没得吃没得穿。但如今生活富足了,爷爷奶奶也极少买新衣服。每逢过年过节,妈妈、姑姑、婶婶给两位老人买新衣服时,他们总会说:"买那么贵的衣服干什么,好赖不都是穿吗? 常言道,'吃不穷穿不穷,计划不到要受穷'。即便是现在生活好了也要注意节约!"

日常生活中,爷爷奶奶更是节约的忠实践行者。他们常说:"要节约每一滴水、每一度电。"他们还制定了全家人都要遵守的勤俭节约"规范",比如说"离开房间,随手关灯""用口杯接水后,关了水龙头再刷牙""淘米水要用来洗菜,洗完菜后用来浇花、冲马桶"等等。在他们的带动下,我们全家都养成了勤俭节约的好习惯。

好的家风是一个家庭或家族最宝贵的精神财富，同时也是一个家庭或家族幸福、和谐、美满、昌盛的法宝。作为家庭一员的我，一定要做好传承发扬，把良好家风一代一代的传下去！

（作者单位：安丘市实验中学）

我家的两件传家宝

刘光吉

"咸菜缸"

我家兄弟六人,加上父母奶奶,组成九口人的大家庭。吃饭时饭桌根本坐不下,灶台、窗边,放上碗筷就成了饭桌。其实这还不算什么,最主要的是菜的问题不好解决。那时候不像现在,谁家能顿顿炒菜呢?咸菜就成为百姓家饭桌上的家常菜。

有人说了,咸菜有啥好说的?其实这里面的学问大着呢。咸菜的腌制过程分为三步:首先是食材储备,也就是菜疙瘩的打理过程。菜地的耕翻与平整、菜畦的隆起都要提前几天准备;播种三两天后的萌发时更需小心翼翼。为防止刚出土的嫩黄芽苗被太阳晒蔫,一般要在下午落日时进行。经过一个晚上嫩黄苗就变绿变坚挺,就不怕阳光照射了,当然还可以插上树枝续作后几天的庇荫;而追肥、浇水、除草等环节是经常要做的。一般是夏末种植,冬初收获。菜疙瘩收获回家之后,要把顶部的苗茎去除,根部的毛须割掉,洗净泥土晾干,放进一个大缸里,加上盐,倒入冷开水就行了。

最关键的是第二步的腌渍发酵过程,也是一个繁琐漫长的过程。有些农户腌制的咸菜疙瘩,有股难闻甚至是发臭的刺鼻气味,还有的疲软干皱、腐烂变质,吃起来口感不脆。我娘腌制的咸菜总是散发出浓郁香脆的味道,这得益于娘把握住了几个最关键的环节:咸菜缸每天要晾晒,排除发酵过程中产生的异味;每天晚上、下雨天要记得加盖,防止露水、雨水浸泡;缸内要适时适量添加冷开水防范蒸发缺水;食盐不要一次加足,要分三五次间隔添加。

一般泡制三个月之后就可以食用了,接下来就进入享用的过程。其实有时根本等不及,十几天甚至更短时间就开始食用了,不过有一股青涩味,但谁还管得了这些?有时还会往咸菜缸里放上几个辣椒、几头大蒜、几根黄瓜,甚至是芫荽、芹菜疙瘩、白菜屁股等下脚料。这些都是口味难得的调剂。

咸菜疙瘩几乎是我们上学捎带的唯一菜肴。如果把咸菜切成丝伴有三三两两的花生米用油一炒,无疑是美味佳肴了。我家的咸菜缸曾经为我们全家提供了美味,滋养了我们兄弟六人的成长:我们兄弟六个有两个研究生、两个本科生、两个专科生。被村里人称为"一个咸菜缸供应出了六个大学生"。现在那个高大甚至是丑陋的咸菜缸,经过了几十年的风雨,早已失去了腌制咸菜的本来功能。她静静地站在原处,诉说着往昔的辉煌。

"包袱"

我村学校规模很小,从三年级开始就得到外村上学。我们兄弟六人都经过了上小学到邻村、上初中到公社(那时还不叫乡镇)、上高中去县城的三部曲,与之相对应的就是捎饭的问题。

大哥最先开始了求学捎饭之路。上小学三年级时,大哥书包里除了课本、作业以及学习用具之外,还多了包裹午饭的包袱。上初中要到更远的公社去,需要住校,每周回家一次,从此大哥身上就背负了两个行囊:背上是盛饭的包袱,前怀是书包。上高中要到70华里远的县城去,吃转粮。那是特殊时期,国家专门对住宿的高中学生推出的一项优惠政策,可以用地瓜、玉米、高粱这些粗粮抵顶 70% 的白面细粮。虽然不用捎饭了,但是包袱里总少不了咸菜疙瘩,偶尔也会有极少量的荤腥。

随后,二哥、三哥也开始了上学捎饭的事。三个哥哥都有自己专门的饭菜包袱,而且不能混用,脏了自己洗刷,破了自己缝补。到了我和五弟、六弟这里,就没有单独属于自己的包袱了,分别使用三个哥哥的。心中虽有怨言,但都能体谅家里的难处,相反还格外珍惜。就这样,我们兄弟六人都是在包袱的陪伴下,走上了大学之路。

穷人家的孩子,吃苦耐劳是最原始的本真,物质的极度匮乏反而更激发我们内心的坚毅。义无反顾,一心一意地在苦难中求学成才,几乎成为我们兄弟们报答父母养育之恩唯一的方式。

父母现在都是耄耋老人,儿孙满堂,尽享天伦。当年父母养育我们,受尽磨难;现在我们赡养父母,天理公道。祝天下的父母老人,健康长寿,一生幸福平安!

(作者单位:大汶河旅游开发区教管办)

爱折腾的父亲

谭涛

我非常敬佩父亲,他的人生就是在折腾中度过的。我把父亲的故事写出来,希望没吃过苦的儿子能学到祖辈那种在逆境中坚强、乐观、积极向上的奋斗精神,遇到困难不灰心不丧气,有付出就会有收获。

父亲出生于 1957 年,那是个缺衣少食的年代。父亲常说他从 13 岁初中毕业就走上社会。那个年代上学靠推荐。那年村里就一个高中名额,学习非常好的父亲却没选上,最终村支书的儿子拿到了那个名额,理由是父亲的哥哥已经上了高中。仗着爷爷在镇政府工作,根正苗红的父亲和村支书干了仗。村支书觉得理亏就安排父亲在村里干生产队的队长。从此父亲开始走入社会。那时候是大集体,父亲不甘心过面朝黄土背朝天的日子,利用一切机会刻苦学习,成为村里的赤脚医生,并学成了一手针灸的绝活。1977 年冬天,父亲不顾世俗的眼光和大他 5 岁的母亲结婚。结婚后不久,51 岁的爷爷突然得了重病,半身不遂,失去劳动能力。父亲姐弟 5 人,我大伯高中毕业就参军去了,我大姑已经结婚,家里还有我两个没结婚的姑姑,最小的才十几岁。家庭的重担全压在 20 岁的父亲身上。为了爷爷的药费,为了全家的生活,父亲一边干赤脚医生一边利用空闲时间偷偷做买卖,跟着同村的人用手推车推猪仔去淄博卖,一走就是好几百里的路。后来还走街串巷爆过爆米花,在村集体的石料厂采过石头。头脑灵活的父亲做过多种买卖,在改革开放之初挣到了他人生的第一桶金,直到1983年初夏母亲意外怀孕。当时计划生育特别紧,违反计划生育是一个非常严重的问题。胆小的父亲害怕被抓,领着母亲带着两千元巨款开始了东躲西藏的日子。那时才5岁的我跟着奶奶生活。家里的大门被封住了,不能随意外出。一次母亲想见我,为了不被计生办抓住,父亲只好晚上偷偷爬墙回奶奶家,带出我来与母亲相见。父亲背着年幼的我,在寒风呼啸、伸手不见五指的冬夜,抄近路走已结冰的河面。幼小的我听着冰面上发出咯吱咯吱的声音,特别恐惧,紧紧搂着父亲的脖子。等我睁开眼时就见到了母亲那熟悉的笑脸。父亲和母亲住在一个亲戚家里,和他们一起晚上做爆仗,白天骑自行车去几十里外赶大集卖。母亲挺着大肚子坐在炕上卷爆仗筒干到深夜。等到1984年2月弟弟出生后,父亲和母亲兴高采烈地回到家,去计生办交上850元的罚款,贴上封条的大门才被打开。

就在这一年改革开放的春风吹暖了大江南北,土地承包到户。父亲开始了他艰难的创业。他在种地的同时,还承包了村里的石灰石矿山,建起了属于自己的石料厂,雇着二十多人干活。那时没有机械,开采出来的石头是靠人工推、马车拉。就在父亲意气风发的创业时,1987年腊月,部队传来噩耗——43岁的大伯因脑溢血未能及时救治而去世。当部队的领导从广州千里迢迢把大伯的骨灰带回家时,半身不遂的爷爷受不了打击,倒在了大伯的灵堂上。毕业于军校已是营级干部的大伯一直是全家的骄傲。父亲托了很多关系把已随军的嫂子和7岁的侄儿从广州迁回家乡并花钱给他们在县城安了家,为嫂子找了家效益很好的企业上班。父亲说只要他能挣口吃的,就不会饿到她们。一辈子没到过县城的奶奶每隔1个月就去县城看她的孙子(也就是我大娘家的弟弟)。没过几年再嫁人的大娘就不让奶奶见了。奶奶和父亲只好等在学校门口趁中午放学时看看弟弟,偷偷塞给他钱。后来弟弟长大了就自己坐车回老家看奶奶了。再后来,弟弟考入全国重点大学,留在济南工作,每当过节和奶奶生日时都会回老家。

1993 年父亲事业到了最辉煌的时候,不仅有了自己的石料厂、拔丝厂,还在筹建石灰窑厂。他是村里第一个买彩电的,第一个买摩托车的,开始第一个用液化气灶的,还在村头建起了四间四合院式的新房。镇政府奖励给他一个"小康示范户"的奖牌。每年刚进腊月父亲就骑着他那辆幸福 250 去景芝、临沭一带要账。父亲每次外出回家都会给我们带好吃的,景芝的绿豆糕、芝麻片,临沭的芝泮烧肉等。父亲总会在每年的腊月二十三结清一年所欠的工钱、材料钱。他总说别人跟着干活,辛苦一年不容易,宁愿别人欠他的,也从不欠别人账。附近的人都愿意跟他干,一干就是好几年。当时有个家庭困难的职工,媳妇有心脏病,每年结完账父亲都会偷偷多给他些钱。他也是石料厂特别能干的,父亲不在时,还帮父亲维持厂子的日常运转。到后来石料厂卖给别人之后,他过年时还会去看望父亲。父亲为人豪爽,特别讲义气。不论是亲戚还是朋友有困难需要借钱时,他从不推诿,总是力所能及地帮忙。他交朋友的原则是看这个人是否孝顺父母。他说:"如果连自己的父母都不孝顺,这个人的品行就不好,不能结交。"正直的父亲没有防人之心。1994 年底,石灰窑厂的合伙人拿走了好几十万的流动资金,留给父亲的全是外债和一个不值钱的窑厂。父亲落到了人生的低谷,家里坐满了要债的人。从未欠过别人钱的父亲,一遍一遍解释原因,许诺什么时间还款。父亲在老家的信誉特别好,和他经常打交道的人了解信任他。但也有人不理解,父亲为此受了好多的刁难和讽刺。当别人等着看笑话时,父亲没有灰心丧气。他变卖了拔丝厂等部分家产还了一部分外债。在好友的帮助下从银行贷款，重新开起了石灰窑厂，准备东山再起。一直在照顾家庭，种着十几亩地的母亲也坚强地走到前面，照顾着石灰窑厂的日常运转。父亲去青岛、胶州等地联系销路。祸不单行，就在生意刚刚有起色的时候，父亲在去青岛送货的路上发生严重的车祸，腿受伤了，不能走路。那两年他就在各个医院间奔波。生意没法做下去了，父亲只好变卖了大部分家产，还完大部分的债务。除了房子和家里的十几亩地外，还有几万元的债务。就在这年因为我逃学，父亲被老师找去谈话。当着老师的面，我被父亲踹了一脚。这是我记忆中父亲第一次打我，也是唯一的一次。他曾说过，爷爷奉行的是棍棒底下出孝子，从小挨了爷爷很多揍，所以等他结婚后，虽然脾气特别暴躁，但从未对我和弟弟动过手，还总是千方百计为我们提供最好的物质生活。此时的父亲发觉这些年忙于生意，忽略了对我和弟弟的教育。喝醉酒后的父亲哭了，对我说了好多好多话。我没有见过他流过眼泪，在我心目中父亲一直是无所不能的。在那一刻突然感觉父亲老了，而自己长大了，理应承担起应有的家庭责任。第二天我重新回到教室静下心来学习，为了减轻家里的负担，考入了一所中专，赶上了最后一年的毕业分配，有了一份稳定的工作。为了我和弟弟的学费，好面子的父亲在身体刚刚痊愈就去给别人打工。弟弟的学习成绩也不好，初中毕业父亲毅然让他去了一所职业学校学技术。邻居的两个儿子都去打工了，还说父亲不会算账，上三年职业学校要花好几万的学费，如果去打工不仅不花钱，还挣回几万元。但父亲坚信知识会改变命运，尽量让我们多读书。在那段艰难的日子里，父亲和母亲起早贪黑的辛勤劳动，不仅供我们完成了学业，所有的债务也还清了。等我参加工作后，父亲又重新创业，凑钱买大车跑青岛送石灰和石子。家里的生活越来越好，弟弟毕业后凭自己的一技之长有了一份不错的工作。我们不忍心父亲再操心受累，建议卖掉了家里的大车。

直到现在父母一直在劳碌着，除了照顾86岁的奶奶，还在忙着挣钱。为了不给子女增加负担，他和母亲还在攒养老金。我们每次回家，父亲最喜欢的事就是开家庭会，给我们上思想政治课，教我们做人的道理，说些家长里短，就是和母亲吵架也让我们评判对错，大家畅所欲言，遇到问题商议解决。没有多少文化的父母不会讲大道理，只是把自己的处世经验告诉我们。父亲总说，家和万事兴，家庭和睦，事业才会兴旺。他不期望子女大富大贵，健康平安幸福就是他们最大的希望。

（作者单位：安丘市大汶河旅游开发区水利站）

长大后要成为你

刘旸

人心出于家教，成于家风。有人说，家风是我们从小耳熟能详的孔融让梨、孟母三迁等历史典故；有人说，家风是儒家文化中修身、齐家、治国、平天下的人生轨迹。而我说，家风是父辈教给我的"但行善事，莫问前程"的处世态度。

父亲是一名80年代参加工作的税务干部。我从小在"税务大院"长大。每天看着父亲穿着湛蓝的税服上班下班，听他讲税收的故事，深深感受到他对税收的执着和热爱。父亲常常对我说，那时候，办公室里没有暖气，寒冬腊月里，呼啸的北风从门缝里钻进来，冻得那叫一个"透彻心扉"。他们就生起炉子，围在炉边，听所长讲工作的经验和技巧。没有汽车，他们就骑着自行车下户，拿着税票收税，听着车轮吱呀吱呀的声音，仿佛离家也更近了一步。没有计算机，所有的工作都是手工完成，有时候每人每天需要写几百张完税证，就在这种环境里，他们充满干劲，乐在其中，还是说着笑着过了一年又一年。父亲常说："日子总会越过越好，工作也一样。"这种执着与坚守总能使那个年代的岁月烙下温暖的印记。

2014年，我怀揣着"长大后要成为你"的梦想考入了安丘市国税局，和父亲成为共同奋战在国税战线上的同事。税收情结在我们两代人身上延续传承。还记得，入职前，爸爸一脸严肃地对我说："工作中要敢于担当，敢想敢拼，哪怕自己受点委屈，也不能占别人便宜，更不能拿纳税人一分一毫。"听着爸爸的教诲,我感受到了他对税收那份刻在骨子里的热爱。这份热爱,让父亲对自己30年汗泪交加的奋斗历程无怨无悔,也给予了我无尽的鞭策和激励。

初到办税服务厅工作时,我这个初入职场的"菜鸟"常常被来办业务的纳税人问得不知所措。望着企业会计们失望离去的背影,我的心里就像打翻了五味瓶。看到我多次被"虐",爸爸给我上了参加工作后的第一课:"别因为自己是科班出身就沾沾自喜,要实现为国聚财的理想,光凭你在学校里学到的理论知识和一腔热情是远远不够的,必须得练就过硬的真本领!"

从那一刻起,我暗自下定决心:一定要尽快调整状态,熟悉业务。我每天白天学习前台业务流程,跟着老同事们屁股后面不停地问、不停地记、不停地想,下班前记记工作日记,捋一捋今天都做了什么,有哪些地方需要改进。晚上回家抽一个小时跟着爸爸学会计、学税法,每天忙得不亦乐乎。在这个过程中,虽然有过分析了一天的数据报表被退回来的时候,有过写了整整一晚上报告需要返工的时候……但每每想要退缩的时候,我便会记起爸爸教给我的"既涉国税路,苦行亦从容"的教诲,它激励着我一步一个脚印地大步向前,让我"但行善事,莫问前程"。随着学习和工作的为不断深入,我的业务素质也越来越高。

2016年4月份市局组织营改增纳税人培训交流会,我负责向纳税人讲解企业所得税年度申报表填报问题。第一次当"老师"的我找来有着30多年税收工作经验的爸爸给我当"参谋",从用几号字制作课件到琢磨实际案例编写练习题,爸爸都一一给我指导。培训当天,我不仅顺利完成了讲课任务,还在课后被营改增纳税人们"围堵",当面为他们答疑解惑。听着纳税人说:"小姑娘年纪不大,本事倒不小。"我才发现幸福真的就是这么简单。幸福存在于我为梦想迈出的每一步,也存在于我讲课时父亲那默默关注的眼光中。

爸爸常说,他为有我这样的战友而感到欣慰。其实啊,爸爸教会我的不只是为人处世的道理,还有对梦想的执着坚守和不懈追求。如歌的"税月",温暖了一代又一代税务人,而这融入生命的薪火相传的力量,终将温暖我和爸爸的湛蓝人生!

(作者单位:安丘市国税局)

朴素家风　受益终生

李建新

"苦不了热频的。"这是奶奶在世时常挂在嘴边的一句土语。每当我的家人经过努力取得一点成绩,奶奶总是不忘用这句话来褒奖和激励。

农村实行联产承包责任制几年后,我二叔家里购置了柴油机、水泵,用于农田灌溉。再后来,二叔又买了拖拉机搞运输。在二叔的带动下村里其他农户的各种机械设备也逐渐多了起来。不论什么机械,用久了总会出故障,机械维修成了庄户人一大难题。二叔便琢磨着修理机器,一来可以解决乡邻机械维修难的问题,二来也能增加家里的收入。二叔文化水平不高,一开始对修机器几乎是一窍不通。可二叔认准的路,就一直坚持走下去。二叔买来机械修理方面的书籍自学,并到当时的安丘大修厂学习,后来就在村头开了间修理铺。二叔肯用功、爱钻研,除了干农活,几乎天天泡在修理铺里忙活,而且越修越像样,没用几年时间,就成了远近闻名的"机器修理专家",不仅方便了周边群众,自己也有了一份可观的收入。家里早早盖起了四间大瓦房,小日子过得挺滋润……邻里邻居都夸二叔能干手巧,奶奶听后挂着微笑说:"苦不了热频的。"

父亲是老实巴交的农民,早年曾在生产队的菜园里干过,对种植蔬菜情有独钟。实行联产承包责任制后,父亲在责任田里种菜,收入是种粮食作物的好几倍。后来,镇上号召种大棚,父亲就带头建起了一个1亩多地的冬暖式蔬菜大棚。大棚种菜与露天种菜可大不一样，没技术真不行。父亲的大棚第一年种番茄，工夫没少下，菜秧子虽然长得不错，但是果实却不多，收入自然高不了。可父亲并没灰心，第二年从育苗开始，父亲就经常参加镇上组织的蔬菜技术培训班，学习先进的种植技术，有时还把镇上的技术员请到大棚里、家里，跟技术员面对面请教。父亲文化水平不高，但热衷于钻研种植技术，买来大棚种植方面的书籍，让我们帮着看。他对照书上的图片，识别病虫害，研究着科学用药防治病虫害，加上以前积累的土肥水管理经验，把1亩多地的大棚管理得像模像样的，种大棚的收入在村里也拔尖儿。村里人都夸父亲的种菜水平高，每当这时，奶奶总是脸上挂着微笑说："苦不了热频的"。

时间过得飞快。一转眼，我高中毕业，到镇上当了一名通讯员，就是写新闻稿子的。刚入行时，领导让我写消息、写通讯，我趴在桌前哼哧半天也写不了几行字，写啥不像啥，急得脑门子直冒汗。怎么办？学！跟办公室秘书学，参加宣传部举办的新闻写作培训班，多读新闻报刊。那时，我坚持每天至少写一篇新闻报道，用稿纸抄得工工整整，投到报社、电台。我坚持多写多报，经常写稿到深夜。功夫不负有心人。从一开始一个月投不中一篇，到后来每月、每周都有稿子见报，再后来，我的稿子见报率高了，还有稿子获奖。1998年、1999年连续2年获得安丘市新闻宣传一等奖，我的作品《于家水西村评选十大科技新闻》，还获得了1998年度山东省好新闻一等奖。再后来，《安丘日报》扩版，我还有幸招聘到安丘日报社做了3年记者。看着自己的大孙子也进城当了记者，奶奶脸上经常挂着微笑说："苦不了热频的。"

小时候，我对奶奶"苦不了热频的"这句话一直不甚理解。长大了,经历了,我才逐渐体会到了这句话的深刻含义。奶奶这句话,用来评价那些经过不懈努力而取得成功的人。虽然二叔、父亲和我都没有取得什么大成绩,但我们靠自己的努力谋生活,干一行爱一行,脚踏实地,践行人生。

奶奶已经去世多年,但奶奶"苦不了热频的"这句话一直铭记在我心间。后来,父亲也经常说这句话。是他们用这句话鼓励我努力工作、积极进取。奶奶、父亲都是普通的农家老人,没有什么文化。"苦不了热频的"听起来土得掉渣,实质上,这话却揭示了人和事物发展的普遍规律:只要目标明确,付出努力就会有收获;只要干一行爱一行、锲而不舍就能取得成绩!

"苦不了热频的"。我想,这就是我们家的家风。短短几个字让我受益终生。我要把它传承下来,赋予它新的精神,让它更加发扬光大。

（作者单位:安丘市经济开发区）

忠厚的爷爷

张在国

　　沂山北麓，一条小河蜿蜒而下。河的下游，一个村庄临河而建，便被叫做"下河"。村中张氏，几百年辛勤劳作，繁衍生息，仁义立世，忠厚传家。族人虽然大都贫困，识字不多，但世世代代恪守祖训，推崇正义，对国家以忠诚，对他人以厚道。村里人平日不辍劳作，养家糊口，拜祖宗时都会重温祖训，"忠孝节义、仁义礼智"，"一等人忠臣孝子，两件事读书耕田"。芸芸众生，虽名不见经传，一旦国家有难，却也能挺身而出，舍家报国，决无半点迟疑。

　　曾叔祖是上世纪二十年代的大学生，求学青岛，主攻中文，才华横溢，书法一绝。三十年代国难当头，他投笔从戎，任海军中尉，参与抗战。

　　曾祖父田无半垅，腿有小疾，贫苦困顿。所幸薄技在身，靠织麻袋补贴家用，艰难度日。育有五子，以"仁义礼智信"取名。三子"乐礼"便是我的祖父。

　　祖父生于贫困家庭，自幼吃糠咽菜，身材瘦小。为了有口饭吃，七岁就到南山寺庙里给老和尚做徒弟。身子还没有床高。就知道给师父铺床叠被十一岁还俗回家，锄地干活挣饭吃。

　　1946年，18岁的青年张乐礼，加入了张云逸的部队，成为一名解放军战士。

　　小时候我最喜欢看战斗电影，听战斗故事。可我总觉得爷爷讲的战斗故事不好听，不像电影上演的那样，玩游戏似的大获全胜。

爷爷说，他们没经过多少训练，扛起枪就上了战场。他们的队伍曾经被敌人的火力压制在一片洼地里，只听见身旁水塘里落入子弹的声音，就像下雨一样。他参加过几场恶战，战后的陈地上鲜血横流。我们村有一个青年和他一起参的军，姓王，后来牺牲了。别的村参军的人有牺牲的，也有逃跑的。但是，爷爷始终坚定地和战友们在一起，行军、匍匐，端着笨重的步枪跃出战壕，冒着枪林弹雨呐喊着冲锋。

1948 年 4 月，他们消灭了潍县的张天佐，休整了三个月，然后步行向西，行军四百余里，攻打济南府。他们都知道这将是一场恶战。

下河村位于潍县以西百余里。队伍途经我们村时，已是傍晚，在村头场院里露天宿营。村里来送水的干部是我爷爷的本家兄弟，劝爷爷回家看看。爷爷严格遵守部队的纪律，托付这位本家兄弟给家里带个平安，愣是没有回家。

我想，此时的他已经是一位成熟的解放军战士了。他经历了血雨腥风、枪林弹雨的洗礼，已经能够坦然的面对生与死，已经决心为党和人民的事奉献一切了。恶战在即，生死未卜，在自家村头，这个瘦小的青年战士，想到的是部队的纪律。

济南战役，打得异常残酷，爷爷的好多战友都牺牲了。爷爷也是九死一生。爷爷跟我说，他们在济南城里打巷战，相互之间失去了联络，谁也找不着谁。炮弹、子弹、手榴弹，到处乱飞，遍地开花。小胡同里地上的血水淹到鞋帮，踩上去"吧唧吧唧"作响。爷爷和他的班长，被一群敌兵逼入一条小胡同。他们俩边跑边回头开枪，有时子弹擦着他们的耳朵嗖嗖而过。他们拐弯抹角跑进一间屋子，侥幸摆脱了追兵。却看见屋子里床底下一个老太太瑟瑟发抖，原来一枚炸弹打穿屋顶,把床穿了个窟窿,倒栽在床上。所幸这是一枚哑弹,没有爆炸。

济南战役后。爷爷和战友们继续忘我的战斗着。挥师南下,已经是 1948 年 10 月,淮海战役的前夕了。在鲁南郯城,一次战斗中,一颗子弹射入了他左臂肘部,从此子弹头就一直留在那里。

解放后,爷爷因此评上三等甲级残废军人,二十一岁的爷爷回到下河村,投身于下河村的治安保卫工作,做了多年的治保主任。

年幼的我,躺在爷爷的怀里,稚嫩的小手,经常抚摸爷爷伤残的左臂。他的左肘已经失去功能,周围的肌肉已经萎缩,骨头成为一个突出的球形。左臂已经不能伸缩,大臂小臂固定保持一百二十度角。但爷爷仍然能够推车子,左手够不到车把,他攥住车祥,仍然能推一百多斤东西。

爷爷整天在村里地里忙碌他的治安保卫工作。在我童年的记忆里,每到庄稼成熟的时候,爷爷就很少在家里睡觉。他整夜整夜的在田野里"看坡",守护集体的庄稼。有一次被邻村两个偷玉米的青年打伤,所幸并无大碍,我奶奶为此提心吊胆了很长时间。

我七八岁的时候,生产队修路,安排各家各户砸石头,铺路基。石头要砸成鸡蛋那么大。爷爷带着我,拿着一把铁锤,把石头砸成标准的鸡蛋大小。

邻家都在砸石头,看到爷爷一丝不苟地砸石头,就劝爷爷:"你砸成鹅蛋那么大就行,多少省点事。你有功劳,你胳膊伤残干不了,谁还跟你攀?"

爷爷微笑不语,砸出的石头,仍然是标准的鸡蛋大小。

我十一岁那年,包产到户了。夏天,我跟爷爷去"上坡"(到田间劳作)。突然从草棵里窜出一只野兔。我拼命跑着去追。追出去两道梁子,野兔不见了。我回来看见爷爷正在邻家地里,半蹲着,珍惜的扶起一棵倒下的玉米苗。玉米苗有一尺高,绿油油的,但是已经倒了。我这才意识到,我追兔子,跑得太急了,把邻家的玉米苗踩倒了七八棵。

爷爷扶着玉米苗,托在手心里。很惋惜的样子。他没有批评我,只是默默的到我们自家地里,挪出几棵强壮的玉米苗,把我踩坏的那些,一棵一棵补上。又从河里舀了些水,把刚刚补的苗子浇了一遍,确保它们成活。

这块乡土,这个家族,长辈教育孩子,有一个传统,那就是,不要拿人家的东西,不要稀罕人家的东西。爷爷模范地执行着这个传统,经常告诫我:"不要眼馋人家的东西。你自己出大力挣来的,一片煎饼翅儿掉地下,你也要捡起来吹吹吃了。别人的东西,就是一座金山,搬到你眼前,你也不能动心。"

那时爷爷干治保主任,管着一些人。夏初,樱桃熟了,有人从他家院里樱桃树上摘了一碗樱桃,给我吃。年幼的我,看见能吃的东西就忍不住流口水。樱桃都熟透了,红彤彤的,红得那么嫩、那么水灵,馋得我俩眼直勾勾地盯着那碗,幼小的心灵,在爷爷的教导和美味的诱惑之间,纠结不已。最后狠狠心说:"俺不吃!"

爷爷非常赞赏我的表现,马上带我到集市上,用他的"伤残金"(伤残军人生活补助金)给我买了一碗最好的樱桃。鲜红的柔嫩的樱桃,红得透明,红得发亮。我珍惜地捧在手里,舍不得吃;含在嘴里,舍不得咽。我细细地品咂,那清醇的香甜,让我至今难以忘怀。我拿着最大最红的樱桃,放在爷爷嘴里。爷爷非常欣慰,笑得合不拢嘴。

山乡集市角落里,一位瘦小的老人,用他伤残的手臂,拥着他稚嫩的孙子,看着孙子吃樱桃。眼神里,满是慈爱,满是欣慰,满是期许,都深深刻在我的记忆里。

此后,每当我情不自禁眼馋人家的东西,我都会想:"人家的樱桃,没有这么好吃的。"

爷爷脾气绵软,待人和蔼,即使委屈自己,也要照顾别人。他不耍脾气,但有些威严。但有些威望,这归功于他是个老实人,是个忠厚的人,这样的人一碗水端平,求个公正,村民四邻,遇事都愿意他出来说个公道话。忠厚老实的人不会故意祸害人,但容易认死理,遇到不公道的事,他跟人家弄到底。所以村里不务正业的人,都有几分怕他。

自家的事不办,先办人家的事,个人的事不办,先办公家的事。公家的事就是大事。他自己能扛过去的,他就不劳别人,更不能耽误公家的事。我离家远,工作忙,不能经常回家看他。他说自古忠孝不能两全,总是叫我不要记挂他,要一心一意干好工作,不要分心。

2007年隆冬,七十九岁的爷爷突然病危住院。当时我正在外地执行押解任务。弥留之际,爷爷嘱咐我的父母兄弟和妻子,不要干扰我,让我一心一意干好工作。等我执行完任务回到爷爷的病床前,爷爷已经不省人事。望着病床上插着管子的瘦削的爷爷,我深深的自责:他一手抱大的、最疼爱的孙子,没能让他在弥留之际看上最后一眼。"一心一意干好工作",成为他留给我的最后一个心愿——遗嘱。

沂蒙山下
忠厚农家的第三个儿子
南山寺庙里稚嫩的沙弥
呐喊着冲锋的无畏的战士
恪尽职守的治保主任

田间劳作的瘦小的老人

——我的爷爷张乐礼

我的童年,舒畅的偎依

在你瘦小的身体,伤残的手臂

你的经历就是这个国家的经历

你的悲喜贯穿这个国家的悲喜

你随着时代激流婉转,不可回避

对国家,对他人,对子孙

你有那么博大深沉的爱意

你的举止是淳朴

你的眼神是希冀

你本身就是对一个词语的完美的诠释

——忠厚老实

(作者单位:安丘市公安局城北派出所)

父爱公心传家远

曹宗堂

父亲离开我们已经七年了,但他所带给我们的"公心"情怀却永远与我们相伴相依。

父亲是一位勤劳善良的农民,日出而作,日落而息。以前,家里的事全靠他和母亲支撑着。父亲没上过一天学,但多年的生活磨砺,使他养成了坚强豁达、助人为乐、任劳任怨的传统美德。他用自己朴实爽快的言行,影响着我们。

家庭联产承包责任制实行之前,父亲一直在生产队当保管员,他忙完公务回到家也不忘教育我们。那时我正上小学,放学后母亲做饭时,常帮母亲烧火。开始因不得要领,光冒烟,不着火。一次父亲从生产队回来,发现了后说:"火心要空,人心要公。火心只有'空',才烧得旺;人心只有公正才能做好事。"父亲是这么说的也是这么做的。他在生产队当保管员期间,负责看护、保管着许多粮物。自己首先不动一草一木,更不让我们拿一针一线。以后,我们不论谁参加工作,父亲都是首先提醒:"公家的钱可别装进自己的口袋,公家的果子再甜也不能偷吃。"这些话,至今仍萦绕在我的耳畔。

有一年中秋节,我们生产队分苹果,当时我家七口人。母亲让二哥和来走亲戚的舅家表哥去生产队领苹果。当时经济条件不好,每家都分不多,就是"象征"着过个节。到了分果现场,表哥一看,我家刚好分了7个。表哥背着二哥悄悄地又拿了一个放在筐里,这时不知怎么被父亲发现了。父亲当场把二哥和表哥批评了一顿，一边把多拿的一个苹果放进了集体的果堆，一边耐心地说："都像你们，一家再多拿一个苹果，这一个生产队一百多户，还够分的吗?!"原来，是表哥一算，我们家7口人，七个苹果正好一人一个，他不是吃不到了吗? 单纯的表哥没想到，父亲和母亲都没吃，让给了我们。今年，已是51岁的表哥，还经常提起这件事，认为我父亲做的对。父亲的教诲深深地影响了他。

20世纪70年代，大哥参了军。那年冬天他休假在家。当时我们村发生了一起油桶爆炸事故。在场的人们都手足无措，大哥却挺身而出，带头把3名伤者救出火海并送往医院抢救，直至脱险。当时，在场的人们都捏着一把汗，怕再出危险。但父亲的观点是，"不要想太多，先救人要紧。"他的话，给所有在场的人莫大鼓舞。不过，大家都注意到，大哥冲进火海的一刹那，父亲的脸刷得变白了，一会儿泪珠就流下来了。其实他也是怕再出事。当大哥到人民医院安顿好伤者，晚上很晚回到家时，父亲的心才平静下来。那年部队在收到村里的感谢信并调查核实后专门为大哥记功。大队（即村委）领导要敲锣打鼓送部队发来的喜报，却被父亲婉言拒绝了。他一再坚持说："急事难事面前，当兵的不上，部队不白给咱培养了!"

上个世纪80年代大包干后，当了20年生产队保管员的父亲，坚决把"离职后每月有20元补助金"待遇名额让给他人，而且一点儿也不感到遗憾。用他的观点就是："好事先让给那最需要帮助、无依无靠的人。"

父亲吃够不识字的苦头，深知没文化的害处，他不但对有文化的人非常尊重，还竭力供应我们上学。对于读书，父亲常在我们兄弟面前说："读书和种地是一个理儿，人勤地不懒，只要浇水、施肥，跟上管理,就会有好收成。"父亲也一心想希望我能像哥哥们一样考上大学。高考落榜之后,我把放弃复读想去当兵的念头告诉父亲时,他接连抽着旱烟,沉默了半天,最后还是同意了。他说:"国家总得有人守,一个个小家才组成一个大大的公家和国家呀。"以后的日子,他一直在背后支持我鼓励我,期望我能锤炼成一个坚强的人。期间,他几次住院动手术,都不让我知道。直到现在,我从内心深处一直感谢父亲的开朗豁达,给我一次锻炼、摔打,受益终生的机会。

父亲很少言语,讲不出什么爱国、奉献之类的大道理来,但常告诫我们:"小名是父母起的,好名是努力挣的,坏名是自己惹的。"在日常工作和生活中,我们一直照父亲的嘱咐严格规范自己的言行,奋发有为,不断进步。

那年父亲75岁。姐姐和哥哥们看到父母亲腿脚日益不灵便,执意把他们接到身边,但几次都被拒绝了。父亲用过不惯城里生活来搪塞。其实他们怕影响了子女们的工作,拖了后腿呀!平日里,陪伴父亲的仍是那台12波段立体声收音机,他在用这种特殊的方式挂念、心疼在外地的子女,他在用这种特殊的方式与我们牵手相依。

父亲,我深爱的父亲。当把这种情感打开,顿觉它是一幅如诗如梦的画卷。回念父亲这种特别的爱,真是世界上少有的欢乐与幸福。

(作者单位:安丘市广播影视中心)

为人至诚 为事至精

律志鹏

前些天手头上攒了一堆材料，让我有些自顾不暇。瞅爸爸闲暇的功夫，我把一篇草草写成的稿件交给他改。第二天一早，我便收到了爸爸夹在我房间门缝里的文稿和修改意见。看着稿件上密密麻麻的批注，霎时间我变成了大红脸。我突然意识到，忙忙碌碌中，我丢掉了我们家的传家宝——为人至诚、为事至精的家风家训。

小时候，爷爷喜欢把我抱在腿上，让我捏着毛笔一笔一画地练习写楷书。每每写累了，我就会噘着小嘴跟爷爷抗议："为什么我不能像别人那样挥洒自如地写草书？"爷爷总是语重心长地教育我："帅帅啊，字如其人，做人呢要先做楷，字正方圆，精益求精。"爷爷是乡村教师，也是我们村里写字写得最好的人，每年过年附近村子里的乡亲们都会找他写对联。在我的记忆里，爷爷常常是刚进腊月就把自己关在南屋里研究新对联，在经过长时间的推敲后，才开始下笔。我好奇地问爷爷："好多来找您写对联的人都不识字，贴对联对他们来说就是图个喜庆，每年写一样的内容又何妨？"爷爷这时候总会收起他慈祥的笑容，一脸严肃地对我说："做人呐，别做差不多先生，你只有静得下心、坐得住冷板凳、下得了苦功夫，才能成就大事。"

2006年，退休多年的爷爷决定要编撰家谱。为了确保考证资料的准确性，他常常戴着老花镜研究历史资料到深夜，甚至跋山涉水找到已经搬走的邻居们家里询问情况，或者不辞辛劳重走当年祖先的迁徙之路。三年后，爷爷所写的家谱终于印制成书。我永远都忘不了爷爷抱着家谱笑得跟孩子一样的开心劲儿。后来，聊起编家谱的那段日子，爷爷说："这次续修家谱，一个是为了追念前人，但更重要的还是启迪和鞭策后人。你们要恪守'为人至诚、为事至精'的家风，堂堂正正做人，公公道道办事。"

从爷爷到父亲，他们"为人至诚、为事至精"的人生态度无时无刻不在影响着我。父亲爱养花，工作之余，他空闲的时间大多都耗在了家里几十盆大大小小的花上。他常说，不同的花有不同的品性，不光要关心，还得有耐心，得顺着它的脾性养，才能开花结果。尽管养的都是桂花、吊兰、月季等常见的花卉，但栽培、浇水、施肥、翻土、修剪，每一个环节父亲都毫不马虎，就连休息时也是一边端着水杯一边细细品味和观察。受到如此恩惠，"花姑娘们"自然也不会辜负父亲，家里常常是花儿朵朵、清香阵阵。

时光荏苒，让人来不及回味。转眼之间，我已经工作五年了。金税三期上线、审批事项前移、沟通渠道拓展、营改增政策宣传……每一项工作我都和身边的同事身体力行、乐在其中，纵然有汗水、有误解、有辛酸，但我始终铭记爷爷和爸爸的教诲：不管身处什么岗位都要竭尽全力，享受把每一件事做到极致的成就感。

再度翻起父亲为我修改的稿件，上面逐字逐句的标识、关于疑点的探讨，以及希望我查阅工具书的嘱咐，无不透露着我们家"为人至诚、为事至精"的家风家训。生活日复一日，新的故事每天都在上演，而我也会在他们的指引鼓励下走过春夏秋冬，走过喜怒哀乐，充实而美好的人生。

（作者单位：安丘市国税局）

勤以用事　厚德传家

薛梅

　　做人忠厚，勤以用事，这是我家的家风，祖祖辈辈几代人一直秉持着这条。一提起我家，村里的人常会说："哦，那是户老实人家啊！"

　　在我熟知的故事中，我老爷爷是良好家风的弘扬者。我的老爷爷是一名瓦工，为人忠厚，乐于助人，经常义务帮助邻里乡亲砌墙盖房。解放前，村里一位孤寡老人住着的两间破土屋因下大雨被冲垮了，老人一下子没了住的地方。老爷爷知道后，忙找了几个兄弟商量此事，决定出工出钱给老人盖房子。他们哥几个凑钱买了料，经过十几天的辛勤劳作，为老人重新盖了两间砖房。老人家住进了新房，拉着老爷爷的手眼泪不停地往下掉，嘴里不停地说："谢谢！谢谢你们了。"

　　做任何事，老爷爷都是认认真真，从不打马虎眼。他十几岁开始学习瓦工，专心学艺，踏踏实实，勤学苦练，练就了一身过硬本领。老爷爷手艺高超乡村邻里都知道，他们碰到什么难干的活，都会请他去干，还得了个"铁瓦工"的美誉。一次，邻村的一户地主要为家里的老人打造悬顶的寿坟，找了本村几个瓦工商讨这事，瓦工们却都说："直墙好垒，悬顶干不了。"地主打听到我老爷爷本事高，就把他请去了。老爷爷到了现场，用尺量了量，计算了一下，然后仅用两天的时间就把坟砌好了，别的瓦工都佩服不已。

　　我的爷爷没上过一天学，从小跟着我老爷爷打小工。十一岁那年他开始学木工。他给我讲的故事中，有一件事最让我感动。有一年冬天,天气寒冷,天刚蒙蒙亮,长辈们就把熟睡的爷爷叫醒,让他套上牲口,一起到几百里远的西山去伐木。山路崎岖不平,又加上困乏,爷爷一路上不知摔倒了多少次,摔倒了就爬起来再走。身上伤痕累累,他咬着牙没有掉一滴眼泪,没有叫一次苦。他勤奋好学,很快掌握了过硬的本事,成为远近闻名的"细木匠"。解放后,景芝成立了一个木业社,他被选去当队长。后来,安丘三中建校他被调去负责木工活。几十栋房屋的梁架门窗,以及教室的桌椅教具都是他带着木工组一手打造的。建校后他自己一人负责全校的木工维修工作,几十年如一日,勤勤恳恳、任劳任怨,受到广泛好评,多次被评为"优秀工人"。

我的父亲也受到了优良家风的熏陶,在教育战线耕耘了四十个春秋,先后在几处学校任校长,所在的学校年年被评为先进单位,他本人也多次被评为先进教育工作者,赢得了广大师生的赞誉和尊敬。

几代人的言传身教使我从小知道要做一个忠实厚道、勤以用事的人。良好的家风一直在激励着我,让我获得了许多好朋友,也取得了优异的工作成绩。

家风代代相传,现在这根接力棒已传到我的手中,我一定会把它继续发扬,勤以用事、厚德传家,做一个能为国为家做贡献的人。

(作者单位:安丘市东埠中学)

天道酬勤

楚新

从古至今,许多家庭从上辈人或自己的经历中总结出朴素的道理和经验,流传世间,给予我们无限启迪。这就是家风。我们家的家风是四个字——天道酬勤。

从小时候起,我爷爷总抱着我看那几个大字——天道酬勤。我那时小,还不会识字,不懂那写的是什么。爷爷就拿起我的手,一遍一遍地在那字上描着。"这呀,是天。这是道,这个是酬……"我虽不懂意思,但能描出来,也能读出来。每当这时爷爷总是很高兴,脸上溢着笑,用手轻轻地摸着我的头发:"好孩子,我家丫头真聪明。"那四个字有些难写,但我还不会写自己名字的时候就已经会写这几个字了。

那是我刚开始懂事的时候,爷爷给我讲过孙敬的故事。晋时,有一个叫孙敬的年轻人,孜孜不倦勤奋好学,闭门从早读到晚也很少休息。有时候到了三更半夜的时候很容易打盹瞌睡,为了不因此而影响学习,孙敬想出一个办法,他找来一根绳子,一头绑在自己的头发上,另一头绑在房子的房梁上,这样读书疲劳打瞌睡的时候只要头一低,绳子牵住头发扯痛头皮,他就会因疼痛而清醒起来,继续读书,后来他终于成为了赫赫有名的政治家。爷爷说:"只有勤奋上进,就没有克服不了的问题。"

到了上学的年纪,我学会了这个成语的意思,说与爷爷听。爷爷很开心地说:"我家丫头长大了。"一次作文课,老师要我们写出家里人最常说的话。我一想,印象中爷爷说得最多的话就是"天道酬勤"。每当我提起这个词语时,爷爷总是会很高兴,把我抱在膝上说:"丫头啊,古语里都说过哩,天道酬勤,你以后一定要做到这个'勤'字,是我们家的家训嘞!"

我有时候会赖床不起,爷爷总会走到床前,对我说:"丫头,做人要勤快,都日上三竿了,该起来了。"我起床后,也会对上一句:"爷爷,你骗人,天还未亮呢。"

如今,我虽不与爷爷同住,却始终铭记爷爷教给我的东西,特别是那个"勤"字,我也努力每天做到勤勤恳恳、仔细认真。

今年过年,爷爷还给我写了一副字"天道酬勤"。爷爷说:"丫头啊,你一定要做到勤,老一辈的话总没错,爷爷没什么给你的,就这个字,你要是做到了,那可是一生的财富啊!"

我想我一直都会记得爷爷送我的那幅字——"天道酬勤"。

(作者单位:安丘市东城双语实验学校八年级十班)

重教乐学篇

忠厚传家远 诗书继世长

李风玲

我是 70 后，记得小时候，家里每到过年，大门上贴的那幅春联总是一成不变：忠厚传家远，诗书继世长。而每次贴，爷爷总是要不厌其烦地给我讲解其中的含义："做人要老老实实，读书要认认真真。别看我们是庄稼人，但也得读书识字，好好做人……"

小时候家里穷。但爷爷总也忘不了说那句老话："再穷也不能没志气。"这"志气"二字，似乎正是"忠厚传家远，诗书继世长"的精神内核。

记得刚读一年级，奶奶扯了石榴红的碎花布，给我缝了新书包，爷爷就给我做了新板凳。那时候，学校的条件也差，上学都得自带凳子。所以，教室里的凳子那是五花八门、高矮不一。每天早晨，我在教室里的朗朗书声也总是会伴着清新的空气。青砖青瓦的村小，声音沉闷的古钟，朴素木制的旗杆，还有完不成作业时的忐忑心情，都是我记忆里最最温柔的部分。

而我的曾祖父李荣锦先生，早年毕业于北京高等师范英语专科学校，还曾经赴美留学，他不仅留下了"学高为师，身正是范"的美名，更留下了满满一屋子的书让我享用。从《辞海》《辞源》的优雅厚重，到各类文学期刊的空灵婉约，大字不识几个便凭着感觉和幻想开始阅读的我，深深地沉浸在书香之中。我如饥似渴，废寝忘食。

爷爷年纪大了，但依然是个老书虫，他和我一样，经常挑灯夜读。爷爷的花镜,渐渐沉下去的灯油,还有那翻了一遍又一遍,从文字到插图都已经滚瓜烂熟的书页,都是我儿时无法磨灭的记忆。都说"书中自有千钟粟,书中自有黄金屋,书中自有颜如玉",其实,书能给予人类的,远远不止这些,它在潜移默化中给予我的教化与滋养,成为我日后取之不尽、用之不竭的财富,它让我无论做人还是为文,都牢牢把握着"真善美"的准绳。而"忠厚传家远,诗书继世长"的家风更是成为我骨子里永不枯涸的血液。

长大了,结婚了,有了儿子。我给孩子取名"楷文","楷"乃方正,"文"乃文雅,我似乎在一种有意或者无意里,又把"忠厚传家远,诗书继世长"的家风,传给了孩子。

生活中,我最常有的状态,是抱一本书,安静阅读。读完一本,再读一本。书房里的书架已经满满当当,我正规划着,在新的一年,打一架更大的书橱。而每当我阅读的时候,读小学的儿子也会凑过来,从书架上选一本他喜欢的,潜心去读。从最简单的插图式的《十万个为什么》,到漫画版的《西游记》,再到普及版的《鲁滨逊漂流记》,一直到今天原版的《三国演义》,儿子全都读得津津有味、乐此不疲。而只要一说起"桃园三结义",说起关羽使用的青龙偃月刀,儿子立即目光炯炯,眉飞色舞。而我只能在一旁汗颜,因为个人兴趣的原因,我还真是没有通读过《三国演义》,为此我常常自我解嘲:"这是一部男人的书。"而面对孩子的口若悬河,我只能作尴尬无语状,甚至曾在孩子提出的问题面前卡壳。每当这时,我总是与孩子共勉地说:"书山有路,学海无涯。闻道有先后,术业有专攻。孩子,让我们共同努力,好好读书吧。"

身教胜于言传,它如春雨,润物无声。每次在外面遇到流浪和乞讨者,儿子总会说:"妈,给他点钱吧……"那一刻,我的内心无比欣喜,因为我对弱者的同情与关怀,深深感染了儿子。堂堂正正做人,安安静静为文,我希望我的孩子,也能诗书继世,忠厚传家。

现在物质的极大丰富,理念的日益多元,也在考验着人们的价值观和道德观。犹记得前几年在社会上引起热议的郭美美炫富、大学生陪睡换手机、中学生"援交"换零花钱等令人震惊和心痛的事件。究其原因,不就是道德观和价值观的错位和扭曲吗?而正确价值观的确立,与良好的家风家教密不可分。就如现在,儿子的学习和生活条件与我那时已是天壤之别,没有了缝制的书包,也没有了自带的桌椅。但朗朗的书声还在,鲜艳的五星红旗,也依然在校园飘扬。歌德说:"读一本好书,就是和许多高尚的人谈话。"古人亦云:"开卷有益。"因此,让孩子沉浸于阅读,比喧哗在"跑男""快女""爸爸去哪儿"中,要更有意义,也更有价值。

年年岁岁花相似,岁岁年年人不同。不知道从什么时候起,家里过年的春联已不再是千篇一律的"忠厚传家远,诗书继世长"了,但我想,贴什么春联不是最重要的,最重要的是精神的传承,从来以忠厚持家,永远以诗书继世,这才是对家风最好的诠释吧。

不由得,又想起小时候家里常贴的另一副对联:"书香门第春常在,积善人家庆有余。"这也是对"忠厚传家远,诗书继世长"的最好解释吧!古人的话已经说得如此精到,我们后人要做的,就是将它的滋味参透,然后,践行!

(作者单位:安丘市官庄镇管公学校)

非学无以广才 非志无以成学

杜增才

　　"夫君子之行，静以修身，俭以养德，非澹泊无以明志，非宁静无以致远。夫学须静也，才须学也，非学无以广才，非志无以成学……"在我家老屋中室的北墙上，张贴着当年我曾祖父杜凤池用毛笔书写的诸葛亮的《诫子书》，其中"非学无以广才，非志无以成学"一句专门用红色圈中。此句作为家风家训，一直沿用至今。

　　曾祖父虽然只读过几年私塾，但他能写会算，知识渊博，为人正直，可是村里的"大能人"，每到春节，请他写春联者总会排起长龙。他不但为本村写春联，还到附近村写，是方圆几十里有名的"土秀才"。曾祖父善于思考，精心攻读，养成了"宁愿一日不进餐，也不愿一日不读书"的习惯。

　　自我记事起，祖父就让我背诵诸葛亮的《诫子书》。上学之前，我早已熟记于心。我们家族世世代代以《诫子书》中的"非学无以广才，非志无以成学"为座右铭，自觉诚实做人、勤奋读书。

　　巍巍青山见证着小山村的发展变化，潺潺流水诉说着小山村的辉煌历史。当年，先辈们用青石垒砌的房屋，历经岁月沧桑，依然挺立，在那极其艰难的年代，曾祖父、祖父也不忘以"非学无以广才，非志无以成学"为奋进的航标，无论条件怎样恶劣，始终坚持立志读书，修身养德，白天在田野耕耘，夜晚就在昏暗的煤油灯下精心研读"经史子集"和"老三篇"等，爱不释手。曾祖母、祖母都宽厚仁慈、助人为乐,为良好的家风家训注入了更多正能量,同样令人称颂。他们言传身教、砥砺以求的精神为后人树立了丰碑。在我家老屋大门前用青石板铺筑的弯曲小道上,镌刻着祖辈们奋斗不止、自强不息的足迹。

在"非学无以广才,非志无以成学"家风家训的影响下,自建国以来,我们村考取的大中专生、硕士、博士层出不穷,从事航天航空、军队、科研、电子、教育、医疗、化工、建筑、文艺、地质勘探和党政部门、企事业单位等各行各业的人才比比皆是,成为远近闻名的文化村。

在十几年以前,南方的一位"风水先生"来到我们村,他绕着村子转了几圈,观察了周围的地势后,在日记中写道:这个村处在山脚下的盆地中,群山环绕,流水淙淙,树木葳蕤,土地肥沃,地貌独特,风景秀丽,更为奇特的是三道隆起的山梁延伸至村中,脉气旺盛,潜力巨大,是我见到的最好的"风水宝地"之一。

我村人才辈出,是村民们辛勤付出的结果。小时候,给我印象最深的就是父母起早贪黑、躬身劳作的身影。当时我感到父母不觉得累,也不知道累,总有使不完的劲。母亲在田间忙碌一天后,晚上还要蒸干粮,为我们缝制衣服,一直到深夜,乐此不疲。从此,我就立下了"刻苦读书,报答父母"的夙愿。"学人者人恒学之,助人者人恒助之,敬人者人恒敬之,爱人者人恒爱之。"全村人们都谨守"忠厚传家远,诗书继世长"的古训,我们村形成的优良作风,与周围村庄相比是独一无二的。多年来,我村从未发生过盗窃、打架斗殴等不良现象。良好的氛围,使我深受启发和教育。

去年,在一次喜宴上,年逾八旬、忠诚憨厚的二伯父自豪地说:"我们大家族人丁兴旺,人才辈出,这是祖辈们为后代趟出的路。"平时寡言少语的二伯父,此时信心百倍,底气十足。一个家庭人才辈出,不是一朝一夕就能实现的,它是建立在良好的家风家训和深厚的文化底蕴基础上的。历史上,许多仁人志士、文人学者、英雄人物的成长,无不受到良好家风家训的熏陶,"孟母三迁",最终使孟轲成为贤圣;"岳母刺字",成就了一代民族英雄岳飞;"画荻教子",铸就了"唐宋八大家"之一的欧阳修名垂青史。他们的成功都归功于优良的家风。

许多名人遗留的家风家训成为警示名言,为我们开启了一扇窗。刘备的"勿以善小而不为,勿以恶小而为之。惟贤惟德,能服于人";杜甫的"为人性僻耽佳句,语不惊人死不休";司马光的"父之爱子,教以义方";清朝金缨的"勤俭治家之本,和顺齐家之本,谨慎保家之本,诗书起家之本,忠孝传家之本";曾国藩的"凡人做一事,便须全副精神注在此一事,不可见异思迁";毛泽东的"今日记一事,明日悟一理,积久而成学";周恩来的"愿相会于中华腾飞世界时"……在历史的长河中熠熠生辉,成为炎黄子孙修身养性、励志治学的动力源泉。这些令人鼓舞的家风家训也早已在我们村扎根发芽,生生不息。

20年前,我曾到青岛出差。在海边的一公园处,有人专门出售精心打磨的海樵石。其中有一块精雕细琢、溜光锃亮的"飞来石"吸引了我的目光。石上雕刻着"非学无以广才,非志无以成学",红色行楷格外醒目。我觉得它对于我有特殊意义,于是就毫不犹豫地买下来,带回家中。我以"非学无以广才,非志无以成学"自勉自励,参加工作二十多年来,虽未取得骄人的成就,但每当努力之后赢得领导赞扬和同事的认可时,都会感到莫大的荣幸和自豪,觉得无愧于自己的付出和拼搏。

我也时常以"非学无以广才,非志无以成学"教育儿子。儿子很小就将此句专门写在纸上,贴在室内墙上,作为修身、治学、勉励、自省的座右铭。在良好家风家训的激励下,儿子学习、做人都非常优秀,并以优异的成绩考入重点大学。

"积水成渊,蛟龙生焉;积善成德,而神明自得,圣心备焉。"当前,全国上下掀起了"修身、治学、兴国"的良好风气。从城市到农村,大街小巷的两侧墙壁上,到处题写着"人人有爱心,天涯若比邻,做人要做爱德人""仁者乐山,智者乐水""仁者静,智者动""黑发不知勤学早,白首方悔读书迟"等名人名言,并配有先贤名人的图像,图文并茂,形成浓厚的文化氛围,极大地丰富了家风家训的内容。

"追忆先辈饮水思源,继往开来任重道远。"祖辈们信奉《诫子书》,定下了"非学无以广才,非志无以成学"的家风家训。在它的激励和驱动下,后辈们前仆后继,勤奋敬业,攻坚克难,取得了辉煌成就。今后,我们要把这一家风家训继承和发扬光大,这样我们整个家族必将桃李满园,结出累累硕果。

(作者单位:安丘市旅游局)

勤耕田无多有少
苦读书不贵也贤

高永铭

我们家祖上世代务农，一直秉持勤俭持家，宽厚待人的治家理念。从我曾祖父开始重视教育，认为庄户人也应该读书识字，就送爷爷去读书。记忆里家里最常用的一副春联是：忠厚传家远，诗书继世长。

爷爷喜欢读书。村里修族谱，这样写我爷爷：高灼秀，旧时科举考试全县第一名。其实爷爷上的是洋学堂，先是东门里小学，后来是安丘中学，抗战时随学校四处迁移，曾在官庄镇的卞家洼村求学很长一段时间。村里人只知道他是全县第一，又在旧社会，所以就说是科举考试第一。真实的故事是爷爷和村里的一个长辈在同一个班里读书。有一次全县集中大考，那个长辈很自负地跟我爷爷说："这次考试看咱爷儿俩的，我考第一，你考第二！"结果我爷爷考了全县第一，那个长辈考了全县第二。因为全县的前2名都出自于同一个村，而考前那个长辈又说了这样的话，所以在当时很轰动。

爷爷聪明稳健，强于记忆，有"活字典"的称谓。因为战乱，爷爷上学并不多。他酷爱读书，在家闲着的时候基本是手不离书。在他90多岁时，虽然历经几次大手术，但仍坚持读报，写日记。他经常嘱咐我，说自己生在乱世，上学断断续续，父亲这一代又碰上"文革"，希望我能珍惜读书的机会。他写下"出类拔萃"这个成语，慢慢地跟我解释，希望我能有所成就。

　　爷爷生不逢时，只能在村里办学。村里很多人都是他的学生。可以说他影响了我们村很大一批人，也包括我的父亲、叔叔和姑姑们。刚解放的那段时间，大姑上学时在村子里很有阻力。有一次奶奶看到一个女干部到我们这一片干工作，于是她踮着小脚找到学校理论："为什么女同志能当干部，却不能让女孩子上学？"于是我大姑才被允许上学。大姑连续几次跳级，高考时以优异的成绩考上了山东师范大学。大姑秉承了爷爷奶奶的教育理念，严格教育孩子，后来我的表弟表妹们在参加高考时，均以全县第一的成绩脱颖而出，并且一个成为北大化学博士，一个成为北医大医学博士（2000 年 5 月 4 日，北京医科大学正式更名为北京大学医学部），一个成为北大计算机硕士。

　　我父亲、叔叔、二姑、三姑上学的时候正遇上"文革"。父亲酷爱美术，本来考上了山东工艺美术学校，结果那年"文革"开始学校停办。父亲回农村娶妻生子。等"文革"结束，我大哥都 8 岁了。父亲没有了进取的斗志，但是还算好学，当上了赤脚医生。考试制度恢复后，辍学在家耕作十多年的三姑，经过一番苦学考取师范。三姑对表妹的学习严格要求，现在我的两个表妹，一个是留德的医学博士，一个是留美的语言学博士。

　　我二叔也选择了教育这一行业，在学校辛勤工作了一辈子。他们中智力最突出、学习最好的二姑，因为种种原因没能参加高考，这成了奶奶一生中最大的遗憾。我小时候听奶奶整天念叨这事。奶奶生在旧社会，没机会读书，她把希望放在孩子身上，希望每个孩子都有书读，都能有所作为。

　　现在到我们这一代或从医，或从教，或就工，或耕种，或经商，都各安其责，勤勤恳恳。我们家先后被教育部门评为"书香家庭""教育世家"。

爷爷奶奶在温饱都保证不了的年代，坚持让每个孩子都上学，源自于他们对知识的渴求，更源于他们积极向上的生活态度。在我记忆里，奶奶身体健康的时候好像总是在劳作。爷爷也喜欢干农活，他常对我说："多数读书人不大喜欢体力劳动，从事体力劳动的人又大多不喜欢读书，其实辛勤劳作和努力读书是缺一不可的，一个是为了健康的身体，一个是为了饱满的精神。"我认可他的观点。热爱学习，热爱劳动，热爱生活才会有积极向上的人生。正如一副对联说得那样：勤耕田无多有少，苦读书不贵也贤。

（作者单位：安丘市官庄镇管公学校）

书香氤氲塑家风

李玉金

　　"弟子规,圣人训,首孝悌,次谨信……"周末早饭后,初春的阳光透过玻璃窗照得卧室里温暖明亮。窗台上,几盆青翠欲滴的绿萝在阳光下茂盛地生长着。儿子朗朗的读书声从隔壁房间传来。听着他稚嫩却韵律十足的朗读,我禁不住欣慰地笑了。爱读书的良好习惯已经在儿子身上生根发芽。

　　爱读书,应该是我们的家风。我出生在上世纪七十年代初的农村,四岁丧母。父亲一人拉扯着我和三个姐姐,生活的拮据可想而知。可是物质生活的匮乏从来没有压制住父亲对生活的热爱。父亲有一个爱读书的好习惯。记得无数个夜晚,我躺在父亲怀里。一觉醒来,也不知是几点钟了。睡眼蒙眬中,昏暗的煤油灯下,总见父亲侧着身子,手把一本或新或旧的书本在阅读。昏黄的灯光把父亲的头影投射在斑驳乌黑的山墙上。这样的场景几乎陪伴了我的童年。

　　其实,父亲并没有多少学问。他出生在二十世纪三十年代中期,小时家里并不富裕,他没有上过什么正规的学校。 新中国成立之后,重视文化建设。1953 年,各村建起扫盲班。已经二十多岁的父亲白天下地劳动,晚上就上夜校。夜校的老师是本村我的一位远房哥哥,年龄只比我父亲大一岁。因为小时候上过几天私塾略通文墨,就被推荐当了老师。就在这样的学习条件下,父亲接受了三年相对正规的"学校教育"。然而,父亲对文化的热爱却深深地刻在心里。读书,成了他解除疲劳、排解生活压力的主要方式。

在父亲的影响下,我们姐弟四人也都热爱读书,并且把读书当作改变命运的途径。在这方面,我二姐做得尤为出色。她学习刻苦,老师布置的作业从来都是自觉认真地完成。她还特别注重自学。那时小学实行五年制,通过自学,二姐四年级没读,由三年级直接跳级上了五年级。1981年,二姐因为成绩优秀被选拔到雹泉公社初中重点班。此后,二姐学习更加刻苦。离家远住校,夏天没有干粮带,二姐就捎生玉米让伙房蒸着吃。冬天没有棉鞋穿,二姐穿着一双破黄胶鞋过冬。她苦学一年,克服了一般孩子难以克服的困难,以优异成绩考入安丘师范,成为一名光荣的人民教师。二姐刻苦成才的事迹多年来在乡亲们口中传讲,成为家乡人教育子女学习成才的"典范"。

爱读书的家风也深深刻印在我的心里。从记事时起,我就喜欢读书。小时候和村里的孩子一起玩,最值得炫耀的是自己那一大箱子小人书。1983年冬天,父亲用小推车推着生姜赶安丘大集,带上我顺便去看望读安丘师范的二姐。老家离县城40多里路。父亲从凌晨三点起床赶路,天刚亮就赶到安丘集市上。父亲知道我读书的爱好,卖完大姜,就领我来到位于县城一马路中段的新华书店。那情形我至今还记得。书店里琳琅满目的书籍让我瞠目结舌,那种惊喜不啻刘姥姥进了大观园,恨不能多长几只眼睛。欣赏了半天,父亲给我买了一本叫《胭脂》的小人书。我如获至宝。拿回家,不仅自己反过来覆过去地看,还多次在小朋友们面前炫耀。

父亲及几位姐姐的影响,再加上自幼拮据的生活,激发了我发奋读书的斗志。靠着自己的不懈努力,初中毕业后我也顺利考入安丘师范。后来,我又考取了公务员,成为一名机关工作人员,虽没有干出轰轰烈烈的业绩,但是在平凡的岗位上老老实实做人,踏踏实实工作,靠实干赢得了领导和同志们的信赖。

　　总结自己的家庭经历,爱读书的确是我家的好传统。"功名从来乃天定,唯圣贤可学而至。"这是清末中兴四大名臣之首的曾国藩告诫子女的话。"功名天定"的唯心思想固不可取,"圣贤可学"的谆谆忠告则不无道理。"忠厚传家远,诗书继世长。"我愿秉持爱读书的习惯,并且教育儿女:多读书,读好书,用知识改变命运,靠学习成就未来,做一个对社会有用的人。

　　　　　　　　　　　　(作者单位:安丘市纪委宣传部)

养品性 重修养

于金元

阳光在春风中温柔地抚摸着人们的脸，嫩芽在白杨树的枝头上翠绿了起来。似乎在转眼间，每一片叶子，都像是继承了树干向上的姿态，蠕动着，伸展着，好一幅动人的画面！

哦，你就是家乡的白杨树！想起你时，你我之间隔着思念的河。踏一叶竹筏，撑一支长篙，寻觅河的对岸。

炊烟是一根长长的线，牵着牛羊欢快的脚步，沿一条乡间小路，回家。黄昏中，牛羊们咀嚼着往事，给村庄斟满了青草的清香，对饮。

院子里，一个七岁的男孩搂着爹的脖子，缠着爹讲故事。

爹说，很久很久以前，天上出现了十个太阳，河流干涸、庄稼枯萎，后羿知道后，射下了九个多余的太阳。后羿因此深受人民的爱戴。后来，后羿娶了嫦娥。一天，后羿向王母求得一包不死药。据说，服下此药，能即刻升天成仙。后羿把不死药交给嫦娥珍藏，不料被蓬蒙知道了。一天，后羿外出，蓬蒙就借此机会逼嫦娥交出不死药，嫦娥无奈，只好将药吞下，她立刻飘出门外，飞上了月宫……

男孩听到这儿不禁说："我去月宫看看。"然后就跑到大门外就往白杨树上爬。双手紧抱着树，左脚一蹬右脚一蹬地蹬着树干。

爹说："向上爬吧。这是你爷爷生前栽的白杨树，以此纪念参加八路军抗日的那段峥嵘岁月。你爷爷说，1942年鬼子进了村，你爷爷用一根杨树枝捅死了一个日本鬼子，从此就离家抗日了。"

听故事的男孩就是我。听着这对我来说好似很遥远的故事，在这万里无云蓝蓝的天空下，白杨树在大门外站成了一根旗杆，树冠像一面旗帜，向世人展示着这片土地的古朴与厚重，描绘着这片土地的舒展与祥和，诉说着这片土地的坚强与成长。

看着眼前这棵白杨树，好像看到了爷爷站在高处，满怀关切地俯视着大地，一双大手如春风轻抚着大地上的一切。于是，一缕勇敢、坚强的风，穿过我的心灵；一种勇敢、坚强的品性扎根于心灵的土壤。

爹识字不多，却喜欢读书。他喜欢读那些传说和演义之类的书籍。爹说，一本好书，蕴含着丰富的知识和美好的情感，古今中外很有名人，都喜欢书，并从书中吸取营养。每当爹谈到书时，都会慢条斯理地讲一个故事。一次，爹讲了一个诸葛亮读书成才的故事。爹说，诸葛亮是我国东汉、三国时期著名的政治家、军事家、文学家。童年时期就失去了父母，跟随叔父从山东避难到湖北。17岁时，他到湖北襄阳的隆中隐居下来。这时，他的生活过得相当清苦，住的是自己盖的"草庐"，吃的是自己种的庄稼。诸葛亮在襄阳一住就是十年，在这十年里，他刻苦学习修养品性，为他卓越的政治和军事才能打下了良好的、坚实的基础……爹希望通过诸葛亮发奋读书的故事激励我勤于学习涵养修为。

我喜欢爹的慢条斯理，从他的慢条斯理里娓娓道出一个简单却能"施诸四海而皆准，推之百世而不悖"的真理，那就是，勤学好问读书虚心。读书是另一种耕耘，谦虚是别样的质朴。生活中，爹以另一种勇敢和坚强，坚守着大地的质朴，播洒着心中的正直，耕耘着手中的善良。于是，一个名叫"修养"的词渗入我的血液，蔓延到我身心的每一个角落。

堂屋里,娘正在灶前忙碌着,打理出的炊烟轻淡如云,直入天空,忙碌的间隙里,娘一针一线地缝着一叠三十二开的白纸,最后订成一个本子,白白净净的,让初入学堂的我信笔涂抹。我今天才知道,娘不但填充着温暖着我的胃,而且也在一针一线地缝制着我的远方。

娘不曾读书,可她曾经一个劲地劝说不想读书的我要读书。在娘的词典里,没有几个词,可娘知道,读书就是修养。在人生路上,时刻响在耳边的,尽是娘的叮咛与期望。

在人生路上,有着勇敢坚强,大事可做;在社会大家庭里,有着读书修养,社会和谐。

(作者单位:安丘市实验中学)

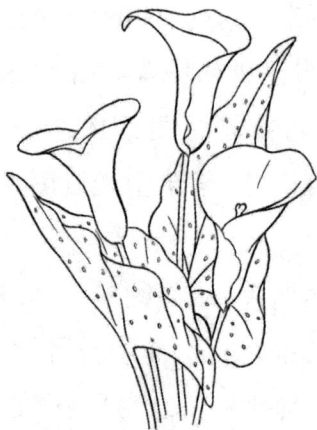

诚实守信篇

"三义成"的故事

王相刚

"三义成"，是一枚木制的椭圆形的"戳子"，小时候，我时常从一个柞木箱子的底部把它找出来玩耍。听母亲讲，那是一位王姓老先生的印信，看似普通，却记载了一段筚路蓝缕的奋斗历程和为人诚信的传世佳话。

"三义成"的原主人王贵麟，是安丘东北乡水场官庄人，他乐善好施、为人仗义，乡邻称颂。王贵麟祖上读过书，但家道中落，到了他这一代，祖上留下的家产只剩下三间老宅。王贵麟在兄弟中排行老大，已有子女，老二短婚未育，老三未婚，兄弟三人分家，每人一间正屋（含院落），老二、老三变卖了属于自己的那间正屋和院子，凑了些盘缠，结伴闯关东谋生去了。为了养家糊口，王贵麟盘算着必须做点小买卖。为了能筹集到本钱，他思前想后，便以"三义"家训为内容，刻了枚"三义成"印信，既是凭证，也是言志。

"三义"之一，就是听从、服从兄长，取自《孟子》之"仁之实，事亲是也；义之实，从兄是也"之意。"三义"之二，是公正、公平及正当之举，取自《论语》中"不义而富且贵，于我如浮云"之意。"三义"之三，是要做有利于天下的事情，取自《礼记》之"君子之所谓义者，贵贱皆有事于天下。"王贵麟向别人借钱时，不仅立下字据，还给债主长着利息，并以盖有"三义成"的印信为凭。他在村东的水湾边上租房子，开了家小酒铺。据说，那时进酒要到景芝。最初的时候，他背着两个大酒坛子，全靠步行到景芝去背酒，都是天不亮就出发，晚上回来。借给自己钱的人，凭盖有"三义成"的字据就可以来换酒喝。半年后，他不但还清了欠债，而且手头还有些盈余。因分家所得的那一间屋不方便住了，索性卖掉，又在村子中间偏北的地方买了一处老宅，一家老小欢天喜地搬了进去。

每逢大集，他便把他四五岁的大孙子放到腊条编的圆筐里，用一根扁担挑着筐，另一端挑着一个长方形木箱去赶集。木箱里放着烧肉、饼干之类的食品。他的小酒铺越办越好，规模越来越大，还兼营一些副食品。很多人手里有些闲钱不用，便存到他这里来，"三义成"声名鹊起。母亲说，那时在安丘东北乡，盖有"三义成"的"字据"可以当钱花……今天看来，他的做法其实就是一种原始的"融资"手段，印有"三义成"的"字据"类似今天的有价证券，在商品流通不畅、货币价值不稳定的那个年代，它能灵活地兑钱换物，给乡邻的生产生活带来了一些实惠。

几年后，他家底殷实了，便又置办了车马等农具，开荒种地，兼做粮食买卖。家门口常年摆放着茶水，供本村和过往路人免费饮用。每到农忙时节，乡亲们便都来帮忙抢种、抢收，他总是用酒肉好好款待来帮忙的人，热心救济村里的困难人家。后来，王贵麟患病，弥留之际，散尽家财，回收印有"三义成"的字据，时间长达半个多月，自此"三义成"印信便束之高阁。母亲说，她嫁到王家时，家里还剩下一头牛、一头驴和七老亩地（那时的一老亩比现在的三亩地还要多），每天晚上都帮着铡草料喂牲口。后来，成立了人民公社，家里人就把车马捐给了生产队。

"三义"传家远，诗书继世长。在老家，关于"三义成"的故事，一直口耳相传至今。王老的儿子儿媳去世得早，他的大孙子大孙媳承

"三义"家训,将弟妹抚养成人、成家立业……王老先生,请您放心:"三义"仍将作为家训,一代一代传承下去,谁让我的父亲是您的大孙子,我是您的重孙子呢?

（作者单位:大汶河旅游开发区海龙中学）

诚信传家

江军海

从记事开始，爷爷就总给我讲他当村里保管时的故事。我的爷爷虽然不识字，却因为为人忠厚，被村里推选为保管。所谓保管，其实就是一个管理生产队粮食分配和工分统计的工作。虽然，他不识字，但他有个好记性。谁家几个人挣工分，该分几斤粮食，他从未有过失误。

1958 年到 1960 年，正是三年灾荒时期。那时，爷爷奶奶已有三个孩子。我爷爷双亲都去世的早，只有他和奶奶两个人挣工分，挣的口粮得靠添加野草、菜叶和多加汤水才能勉强度日。平时吃的最多的是咸菜和红薯叶丸子。而且，随着年月增长，我的父亲、大姑和二叔饭量都逐渐增加，工分粮食少，吃饭人口多，口粮不足的矛盾就更加突出。怎样填饱肚子，是一个严重困扰着爷爷、奶奶的大问题。

有一回，爷爷按照村子每户人口、工分分完口粮后，用扁担挑着自家分得的两半口袋红薯面和红薯叶子往回走。当时，有人向村干部反映说，我爷爷干保管给自己多分了粮食。我爷爷知道后二话没说，将还没挑到家的粮食重新挑回分粮场地，当着全村老少爷们儿的面，用大秤重新称量。经过称量，完全符合爷爷家庭人口和工分分配标准。这件事，令村干部和村里的老少爷们儿对爷爷这个保管更加信服了。

爷爷守住了诚信的优秀品格。但是，由于粮食的严重缺乏，爷爷、奶奶只能依靠不断加大菜叶、树叶和汤水的比例，以此勉强度日。由于食物中树叶、野菜叶多、油水少,爷爷、奶奶、父亲、大姑和二叔,都不同程度的出现大便不通,尤以二叔为重。一段时间之后,刚出生不久的二叔,因营养不良而夭折。二叔的死一直是爷爷内心深处挥之不去的一片阴影,每当爷爷提到这段经历,两行热泪就会不由自主地流出来。

后来,我父亲姊妹六个长大成人。再后来,我也长大成人,如今我的孩子也渐渐长大。时光荏苒,很多事情已随着岁月流淌飘然而逝。但我们都一直牢记并传承着爷爷奶奶即使失去儿子生命也没丢下的诚信家风。诚信两个字早已也融进了我们全家人的血液之中。

记得不久前,我回老家问我爷爷:"爷爷,当时你做保管,拿着生产队里的钥匙,你给咱庄每家每户分粮食,你难道就没有想过给自己多分一点,难道就忍心看着自己的孩子饿死?"

爷爷迟疑了一下,抹了一把眼泪,哽咽着说:"海子,我跟你说吧,那时我怎么可能不想,不想是假的。当时,我和您奶都恨不得把自己身上的肉割下来给孩子吃,让孩子们全都活下来。可是,又一想如果我跟你奶奶倒下一个,那几个孩子更没得活,实在是没了办法!可是,生产队里让我干保管,那是对我的信任。全村里的老少爷们儿都看着我,村里的粮食公平公正的分,村里左邻右舍才能满意。如果我偷偷地多拿点,那村里的老少爷们还不戳我的脊梁骨啊!我就是饿死也不能这么干啊!"

听了爷爷的话,我的眼睛湿润了。爷爷今年八十四了,他的身躯随着年龄而逐渐佝偻,但他在我心中的形象却越发高大。

爷爷奶奶的坚守,二叔的生命,父亲、姑姑、叔叔的传承,早已将诚信二字深深镌刻在我的脑海里,变为一种自觉行动。这行动也在潜移默化地影响带动着我的孩子。我也经常给我的儿子讲我们家族的传统故事,目的就是教育他恪守诚信,并让这优良家风,世代相传!

（作者单位：安丘市环境卫生管理处）

爱的港湾

杨阳

今天在微博上看到了一组热图"爸爸说"："爸爸，我长大后能有出息吗？""爸爸，为什么要学知识呢？""爸爸，什么是自我价值？"……图中的爸爸用简单的语言，动之以情，晓之以理，给孩子传递了正确的价值观、人生观。当看完这些充满爱意的图画时，我内心感慨万千。因为我的家也是一个充满爱的港湾。

小时候的天空似乎格外蓝，小时候的小路似乎格外长，小时候的炊烟似乎格外美，小时候的人似乎格外亲。

小时候，家里很穷。听妈妈说，我们一家四口人窝在一张不足两米的木板床上，而我每天晚上都会尿床。夏天情况还好，被子还能及时晒干。到了冬天，一家四口人只能坐在床上大眼瞪小眼。被尿湿了，那时我们家很穷，但是生活得很开心。

转眼间，我到了该上小学的年纪了。看着学校里同龄的小伙伴都穿着漂亮的衣服，拥有各种各样好看的玩具，我特别羡慕，所以在心里萌生了一个计划。有一天，我趁着妈妈睡觉的时候，偷偷从她口袋里拿了二十块钱。无知者无畏，我拿着二十块钱大摇大摆地去了村里的小卖部好好"犒赏"了自己一番。后果可想而知，我的"劣迹"很快被发现了。当我买完东西，坐在小卖部外面清点我的胜利成果时，被爸爸"人赃俱获"。我心想，这一次避免不了要受一顿皮肉之苦了。但是爸爸却没有对我发火。他只是摸着我的头轻轻地对我说：

"人穷不能志气穷。无论如何,都不能偷东西。诚信是做人之本。一个人只有诚实守信了,才能得到他人的尊重,这叫自律。学校里老师和同学是不是都不喜欢说谎的孩子,对不对?"我轻轻地点了点头。从那以后,爸爸总是想法设法满足我的要求,而我也渐渐懂得了家的概念。家不就是我们每个人都给予爱同时又收获双份爱甚至十分爱的地方吗?从那之后,我会在放学之后回家帮他们干家务、做农活,做自己力所能及的事情,承担起属于自己的责任。从那之后,诚信责任之花在我心里扎根发芽,茁壮成长。

现在想想,小时候的日子真的特别珍贵。那时候的妈妈似乎格外严肃,总是把家里打理得井井有条,为了这个小小的家,付出了自己最美的年华;那时候的爸爸似乎总是格外温柔,为了哄我开心,记不清有多少次让我骑在他头上;那时候的外公似乎总是格外慈祥,每天傍晚,他总会坐在家门前,一次又一次地望着路的尽头,等着我回家……

今天晚上的我,肯定会做这样一个梦。梦里,夕阳西下,炊烟袅袅,妈妈做完饭等着工作完的爸爸回家,外公坐在门前,神色焦急地望着路的尽头,等待着自己的宝贝放学回家。当小女孩背着书包蹦蹦跳跳地出现在他的视线中时,嘴角开始上扬,脸上的每一条皱纹都沾满了阳光的味道。回到家后,饭桌上,小女孩狼吞虎咽地吃着桌上的饭菜,眉飞色舞地说着学校里发生的有趣的事情,期间还不忘向外公的碗里夹菜,妈妈宠溺地让她慢点吃,爸爸在一旁安静地听着,小女孩朝外公调皮地眨了眨眼睛……

我想,梦里出现的小女孩一定很幸福!因为她生活在一个充满爱的家庭!

(作者单位:安丘市凌河卫生院)

五元钱里的家风家训

韩文宝

　　"国有国法，家有家风"。无论大家庭、小家庭都有自己的家风家训。我家的家风家训就是诚实守信。正是这样一条家风家训，从老一辈传承下来，让我们活得更加踏实，家庭更加和谐幸福。

　　二〇一五年，我女儿10岁，母亲60岁。寒假里，我们一家人回到老家过年。正是一年一度的寒冬时节，气象台预报气温达到了零下十度多。屋外北风吹得大树吱吱地响，女儿和她奶奶一老一小在暖坑上快乐的玩耍。街道上远远地响起了收废品的声音。一会儿，声音越来越近，正巧家里有一些废酒瓶和纸盒要卖，于是母亲就出去喊住了那位收废品的老大爷。女儿也跟着母亲走了出去。

　　收废品的老大爷骑着一辆破旧的电动三轮车，年龄大约70多岁，戴着一顶翻毛的皮帽子，穿着一件褪了色的青色大衣，脸上布满了深深的皱纹，嘴里哈着热气，手上冻得青一块紫一块的。母亲问他这么冷的天，为什么还要出来？老大爷笑着说："冷点不算什么，快过年了，正是生意好的时候，挣点过年割肉的钱！"听着老大爷的话，我不禁为他的勤劳和乐观感动着。

　　母亲尽量多找一些家里的废品卖给他，女儿也跟着母亲到处找可以卖的东西。她们也许认为，多卖给他一些东西，老人就可以多赚一些钱了。老大爷将废品一件一件的拿过去，装进一个大麻袋里过称，非常认真仔细。一算账，正巧是15元钱。母亲接过钱，帮老爷爷把装废品的麻袋抬上三轮车。收废品的叫声又在村里响起来,伴着寒风的呼呼声,远了又近,近了又远。

回到屋里,母亲把刚才卖的15元钱奖励给女儿买学习用品。接过钱,女儿突然发现竟然是4张5元的钞票,因为几张钞票整齐的叠在一起,原来是卖废品的老大爷不小心多给了5元。母亲着急地说:"快把那多出的5元钱给那位老大爷还回去吧!这么冷的天,挣这5块钱,多不容易啊!"于是我和女儿顾不上外面的寒冷,飞快地跑出去顺着收废品的叫声满村里找那老大爷。终于在村口把他喊住了。女儿把5元钱递到老爷爷的手上,并告诉他事情的来龙去脉。得知真相后,老大爷眉开眼笑地说:"这真是个善良的人家,这真是个诚实守信的好孩子呀。"

我们高高兴兴的回到家里。母亲搂着我的女儿说:"今天你做了一件好事,长大后你们也一定要做一个善良的人,做一个诚实守信的人。"母亲的话,不正是我们的家风家训吗?今天我们送回的是5元钱,却收获了比金钱更重要的精神财富。

小苗只有在雨露的滋润下,才能茁壮成长;孩子只有在优良家风的熏陶下,才能出类拔萃。为人父母,更应该在孩子面前作出榜样,让良好的家风一代代传承下去。每个家庭的良好家风展现出来,整个社会就会充满正能量。

(作者单位:安丘市大汶河旅游开发区担山初级中学)

心中有杆秤

程杨范

"哇！人家祖传的镯子值 70 万！""啧啧，羡慕死了简直。""要是咱也有，嘿嘿……"是的，我们全家又在看《寻宝》栏目了。

"爸！怎么咱家就啥也没有？"羡慕嫉妒恨的我又一次对爸爸发难。"谁说没有了？"一语惊人，我们一愣，嘴里的零食也忘了吞咽。"什么？哪里？"我立刻凑过去。"别骗人，拿出来看看！""等着！"说完爸爸就去西屋捣鼓了。我们立马跟过去，却被爸爸锁在了门外。什么嘛？我跟哥哥面面相觑，难不成我们一直都是蒙在鼓里的富二代？对了，还有老妈！立马冲回客厅，围着我妈就是一顿唇枪舌剑。七嘴八舌了老久我妈才弄清楚我们问的是啥。结果她也是一头雾水。这下好了，我都不自觉想到怎么享受有钱的日子了……"喂！你口水！擦擦！""你还不是？"我没好气地回复哥哥。刚说完，爸爸就进屋了，我和哥哥立马闪到他面前。结果老爸神神秘秘地就举起了半截树枝。"这……"我感觉五脏六腑被什么碾压了一般。哥哥更夸张，直接仰倒在沙发上了。"这么大年纪了，还这么调皮，好吗？"回到座位，欲哭无泪。老爸看我们这反应啥也没说，托着那半截"树枝"回到他宝座上，呷一口茶便开始了长篇大论。也没心情看电视了，更没心思听他叨叨，兀自玩开了手机。"这还是你爷爷给我的呢。"哼，才爷爷辈，又不是古董，树枝子有什么用。我身在曹营心在汉，心里愤愤地抱不平。"你爷爷没啥文化，心眼实，从来不占人家便宜，在咱们镇上那是出了名的憨厚老实。那时镇上招工，负责称粮食。当时家家户户都没吃的，饥一顿饱一顿。一听跟粮食有关的活，个个都急红了眼，毛遂自荐的挤破头。招工部门挑来挑去的，最后竟选定了你爷爷。人说，就是看中了你爷爷那股子憨厚劲。那时候我刚懂事，听左邻右舍嘀嘀咕咕也没弄懂，只记得意思大致是我以后不用挨饿了。那个年代，全家就一件衣服，谁出门谁穿，吃不饱，饿得肚皮薄的都能看到肠子。醒着饿那就睡觉，可是老饿醒啊，一醒就难睡着了。我就跟你奶奶嚷着吃东西，你奶奶就说推面去了啊，推完就有的吃了。这话你奶奶跟我说了无数次，可从来没有面，你说那时候怎么那么傻，每次都被骗还每次都信，你看，都饿傻了……""可不是咋地。"妈妈也在一旁附和，说起过去，又是一段涕泪交加的饥饿史。

"那这树枝呢，到底咋回事？"哥哥一问，爸爸才又把话题扯回来。"那时听说你爷爷去给人家称粮食仿佛已经吃饱了似的知足，出去玩也有了精神，神气得很。盼星星盼月亮终于等到你爷爷上班去了。那天我哪也没去，从中午开始就在咱村头那桥头上等你爷爷回来，想着他会塞给我把啥东西呢？是玉米粒还是麦子？大半天都乐呵呵得止不住的激动。直到天大黑你爷爷才出现。大冷天的，也不记得他裹了件什么衣服。只记得风大，吹得他也不知道是衣服晃还是身子晃。近了，看我在等他，拉起我就往家走。我就问：有好东西没？你爷爷说哪来的好东西啊？我说你不去给人家称粮食么，你怎么不给我拿点？说完就难受得哭开了。现在想想天怎么那么冷呢，眼泪一淌出来刀割一样的疼。你爷爷抱起我边给我擦眼泪边说，傻孩子，那不是咱家的东西，不是咱的咱不拿。到现在，我还记得你爷爷说这话时的模样，满眼的心疼与无奈。咱家人世代本本分分，从不占人家便宜，这不就是咱家的家风么。日子越过越知足，咱羡慕人家作甚，家有万贯不如儿女绕膝不是？"看着爸爸苍老而又慈祥的面庞，眼里莫名的就有些潮湿。趴在爸爸膝头，只是盯着他衣服的纹路就感觉心安。这才发觉我和哥哥不知什么时候停下了手中的游戏，早就凑到了爸爸身边。"那这个？""这是秤杆啊！去年回老家给你爷爷上坟，回老屋看了看，就发现它了，是你爷爷当年用过的称。不知怎么折断了。看着他我就想起你爷爷那句话，人生在世，无论做什么，心中都得有杆秤啊！"我接过爸爸手中那截黑乎乎的"树枝"，仔细一看，隐隐约约还有些刻度呢，果真是杆称，是杆度量诚实的称。"爸，这就是咱家的传家宝，你可要收藏好了啊。""嗯，那是当然。"

外面，寒风肆虐；屋里，暖意如春。

（作者单位：安丘市东埠中学）

诚实守信的家风

李诗韫

家风就像是一本书，蕴含着深刻的哲理，教会我们怎样面对人生；家风就像是一把钥匙，帮助我们打开智慧的大门、人生的大门；家风就像是汹涌的波浪，洗刷掉我们自身的缺点和不好的习惯，让我们更加优秀，更加杰出。

每一个家庭都有自己的家风，而我家的家风就是"诚实，守信，不撒谎，不骗人"。

记得有一次数学考试，满分一百二十分的试题，我只考了九十八点五分。这么差的分数，可是从来没有在我的试卷上看到过的。我心虚得很，所以没敢拿回家给妈妈看这份差劲的试卷，若无其事地装作什么都没有发生。但是我一直害怕妈妈问我最近考试了没有，可妈妈那一段时间比较忙，没顾得上我。一个星期后，我们数学老师又进行了一次测验，结果我才考了一百零三分。当我心里想着要不要拿回去给妈妈看的时候，老师把我叫过去，让我妈妈给她打个电话，讨论一下我的数学学习问题。我回到座位，忐忑不安地想：老师会不会把上一次考试考得不好的事情告诉妈妈？ 要是妈妈知道了，那我怎么办？

回到家后，我对正在洗蔬菜的妈妈说："今天我们数学测验了，我考得不好，才考了一百零三分。老师让你今天晚上给她打个电话，探讨一下我的数学成绩。"妈妈放下手中的蔬菜，和我一起看了试卷上的错题,并和我一起改正。

　　差不多到约定的时间了,妈妈拿起手机给老师打电话。我一边扫地一边紧张不安地听着。果然,老师把上一次考试的事情告诉了妈妈。妈妈的脸色渐渐变得难看起来,并时不时地瞅我一眼。挂掉电话后,妈妈严肃地把我批评了一顿。告诉我做人要诚实,不可以骗人,还给我讲了一个"白贼七仔的故事"。故事中由于白贼七仔的谎言,不仅害死了自己的父母,还把一个无辜的老人给闷死了。最后妈妈对我说,不管以后我是否学业有成,不管以后我从事何种工作,首先要诚实地做人,正视自己的缺点。落后了可以努力追上,但是品德出现了问题将会毁掉人生。然后,妈妈和我反复复习了测试卷,并且又单独做了几张自己买的测验试题。几天后,我们老师又组织了一场测验,这次,我考了一百一十六分,老师说我有很大的进步,妈妈说这才是我该有的水平,并鼓励我再接再厉。

　　经过这件事之后,我明白了:即使在自己做错事后,遭到了父母严厉的批评甚至惩罚时,那也是因为爱。面对父母,应该坦白地说出自己的想法和要求,获得他们的理解和支持。如果因为害怕父母而去编造谎言,那样只能使父母更加伤心和愤怒。每一个人都要用自己的实际行动去证明自己的实力,靠谎言换来的表扬和荣誉虽然像泡沫一样美丽,但也跟泡沫一样容易破碎。

　　从今往后,我会让"诚实,守信,不撒谎,不骗人"的家风家训在我的观念里根深蒂固,见证我的成长。

(作者单位:安丘市实验小学)

后 记

安丘历史悠久，人杰地灵，家风文化源远流长。为传承和弘扬优秀家族文化，加强对党员干部的廉政教育，安丘市纪委组织开展了"家风正，政风清"家风家训故事征集活动，从征集到的作品中，层层筛选，确定优秀作品结集出版《汶水悠悠润桑梓》一书。

该书共收录68篇家风故事，根据故事宣扬的主题，分为综合类、孝亲敬老、与人为善、俭朴勤勉、重教乐学、诚实守信等6类，逐类编排，力求系统。

本次作品征集得到安丘市教育局、市卫计局、市新闻中心等单位和社会各界的大力支持，许多有识之士为本书编印提出了中肯的意见建议。在此，一并致以诚挚的谢意。

由于受人力、时间、水平所限，书中难免有疏漏之处，恳请广大读者批评指正！

编者

2017 年 8 月